कृषि उत्पादन के महत्वपूर्ण बिंदु

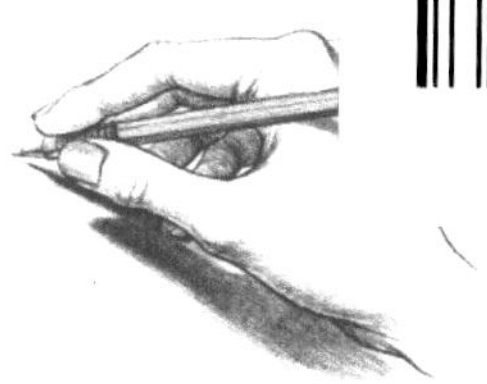

डॉ. यमुना प्रसाद सिंह

अनुपम दुबे

डॉ. अक्षय जैन

संजय कुमार विश्वकर्मा

WE CREATE READERS

वेबसाइट :– www.bookrivers.com

प्रकाशक ईमेल :– publish@bookrivers.com

मोबाइल :– +91-9695375469

प्रकाशन वर्ष :– 2020

मूल्य :– 300/- रूपये

ISBN : -978-93-88727-99-0

विषय क्रम

*****

प्रस्तावना

भारत जैसा देश जहां कृषि की प्रधानता है, देश की लगभग 65 प्रतिशत जनसंख्या कृषि पर ही निर्भर करती है। बढ़ती जनसंख्या की भोजन की आवश्यकता की पूर्ति के लिए खा़द्यान्न व सब्जी फसलों के प्रति हेक्टेयर के उत्पादन में वृद्धि का होना अति आवश्यक है जिसके लिए नवीनतम कृषि तकनीकि की जानकारी होना बहुत ही आवश्यक है। जिसमें वैज्ञानिक विधि से खेती की जा सके तथा कृषि के नवीन आयामों को पाया जा सके।

इन सभी बातों को ध्यान में रखते हुए पुस्तक **कृषि उत्पादन के महत्वपूर्ण बिंदु** का प्रकाशन किया गया है। इस पुस्तक में कृषि के विभिन्न आयामों को समाहित किया गया है, जिससे कृषिकों तथा कृषि छात्रों को बहुत नवीनतम जानकारियां प्राप्त होगी। इसमें उत्पादन तथा प्रबंधन की नवीनतम तकनीकियों को भी सम्मिलित किया गया है। खेती में आने वाली विभिन्न समस्याओं जैसे खरपतवारों का प्रबंधन, कीट प्रबंधन, नर्सरी प्रबंधन इत्यादि बिंदुओं पर गहनता से प्रकाश डाला गया है। इस प्रकार से हम कह सकते हें कि इस पुस्तक में समन्वित कृषि तकनीकि का प्रयोग किया गया है जिसमें विभिन्न महत्वपूर्ण पहलुओं को ध्यान में रखा गया है।

आशा करता हूँ कि यह पुस्तक कृषि के क्षेत्र में अपना अमूल्य योगदान देगी।

लेखक

डॉ. यमुना प्रसाद सिंह

[1]

हाइटेक बागवानी से अधिक आय एवं उद्यमिता विकास

सब्जियों की खेती से फायदा लेने के लिए बेमौसमी खेती ही एकमात्र विकल्प है। सब्जियों की खेती विशिष्ट मौसम में ही की जा सकती है। जो सब्जियाँ ग्रीष्म ऋतु की होती है, उन्हें मार्च से सितम्बर तक उगाया जा सकता है एवं शीत ऋतु की सब्जियाँ अक्टूबर से फरवरी तक उगायी जा सकती हैं। ऐसे में इन सब्जियों की भरपूर पैदावार होने के बावजूद भी कृषक को यथोचित लाभ नहीं मिल पाता है। बेमौसम में इन सब्जियों की खेती सामान्य रूप से नहीं की जा सकती है, क्योंकि तापमान एवं जलवायवीय कारक अनुकूल नहीं होते हैं एवं वांछित पैदावार नहीं मिल पाती है।

हाइटेक बागवानी के नये एवं आधुनिक आयामों से सब्जियों की बेमौसमी खेती करके अच्छी पैदावार लेने के साथ–साथ सब्जियों की कीमत भी अच्छी मिल जाती है। हाइटेक बागवानी के अन्तर्गत पॉली हाउस, छाया–गृह, लौ–टनल, नेट–हाउस एवं वाकिंग–टनल इत्यादि कुछ ऐसे विकल्प हैं, जिससे मुख्य मौसम से परे सब्जियों की खेती सफलतापूर्वक की जा सकती है। इन संरचनाओं से तापमान एवं आर्द्रता का नियंत्रण करके पौधों को अनुकूल वातावरण प्रदान किया जाता है, जिससे पौधे मुख्य मौसम की ही भाँति वृद्धि एवं विकास करते हैं। संरक्षित वातावरण में खेती से पैदावार तथा गुणवत्ता कई गुणा बढ़ाई जा सकती है। इसके अलावा बागवानी उत्पादों के निर्यात से विदेशी मुद्रा अर्जित करने की सम्भावना है।

राष्ट्रीय बागवानी मिशन के तहत देश भर में एक क्रान्ति रूप में उद्यानिकी का विकास किया जा रहा है। नई–नई तकनीकों को किसान के खेतों पर पहुँचाया जा रहा है तथा नई तकनीक अपनाने हेतु वित्तीय सहायता भी प्रदान की जा रही है। इन नई प्राद्योगकियों से उद्यानिकी ने एक व्यवसाय का रूप ले लिया है। ऐसा अनुमान है कि भारत में बागवानी उत्पादों की माँग वर्ष 2020–21 में 20 प्रतिशत बढ़कर 36 करोड़ टन हो सकती है। प्रति

व्यक्ति बढ़ती आय के कारण बागवानी उत्पादों की अधिक माँग सृजित होगी जिसके कारण भारत में ऐसी फसलों के उत्पादन में आरै तेजी आयेगी।

उच्च प्राद्यौगिकी वाले बागवानी, मशीनीकरण आरै फसल कटाई उपरान्त प्रबन्धन के लिए अन्वेषण जेसै विषयों ने उद्यानिकी को एक उद्योग का दर्जा प्रदान किया है। प्लान्ट टिशू कल्चर, खेती की सघन प्रणाली, मृदा विहीन खेती (हाइड्रापोनिक) तथा पॉली हाऊस प्रणाली उद्यानिकी की प्रमुख उच्च प्रद्यै ागिकी हैं, जिनके द्वारा बागवानी के क्षेत्र में बहत् बदलाव आया ह।

ऊतक संवर्धनः–

पादप टिशू कल्चर एक ऐसी तकनीक है जिसके द्वारा कोशिका, ऊतक, अंगों और यहाँ तक कि पूरे पौधे को अपनी इच्छानुसार पूरे साल, मौराम सम्बन्धी सीमाओं से परे, प्रयोगशाला में उगाया जा सकता है। प्रजनन की यह तीव्र पद्धति है और कम रोगयुक्त तथा उत्तम गुणवत्ता के पौधों की बढ़ती माँग ने टिशू कल्चर और सूक्ष्म प्रजनन के क्षेत्र में स्वरोजगार की संभावनओं को चार चाँद लगा दिये हैं। इस विधि द्वारा तैयार पौधों की निर्यात की भी अच्छी क्षमता है। सीमित संसाधनों के साथ भी लघु सूक्ष्म प्रजनन इकाई की स्थापना की जा सकती है। सम्बन्धित व्यक्ति अच्छे रोजगार के साथ–साथ समाज में नाम भी कमा सकता है।

सघन बागवानी से लाभः–

1. पारम्परकि पौध रोपण (150–200 पौध प्रति हेक्टर) की जगह सघन बागवानी में 500 से 1 लाख पौधे प्रति हेक्टर प्रति इकाई क्षेत्र में लगा सकते हैं, जिससे जहाँ उत्पादकता 15–20 टन प्रति हेक्टर होती थी वहीं सघन रोपण से 30–50 टन प्रति हेक्टर होती है।

2. पारम्परिक पौध रोपण में पौधे एवं कतार की दूरी ज्यादा होने से पौधे बड़े आकार के होते हैं, अतः प्रबन्धन कठिन होता है तथा अधिक मानव श्रम की आवश्यकता होती है। वहीं सघन तंत्र में पौधे पास–पास होने से छोटे आकार के होते हैं, अतः प्रबन्धन आसान व कम मानव श्रम में हो जाता है।

3. पारम्परिक विधि में प्रति पौधा आकार ज्यादा बड़ा होने से सूर्य का प्रकाश हर भाग में पहुँचना आसान नहीं होता, वहीं सघन रोपण में उचित कटाई–छंटाई अपनाने से पौधे के हर हिस्से को सूर्य का उचित प्रकाश मिलता है जिससे अच्छी गुणवत्ता वाली आदर्श उपज प्राप्त होती है।

4. पारम्परिक विधि में फलों की तुड़ाई हाथ से करने पर समय व लागत अधिक आती है वहीं सघन प्रणाली में मशीनों द्वारा कम समय व लागत में तुड़ाई हो जाती है।

5. पारम्परिक विधि से बाग की व्यवसायिक उपज 7–8 साल पर आती है जबकि सघन रोपण में 5–6 साल पर उपज आ जाती है।

ग्रीन हाऊस तकनीक

ग्रीन हाऊस तकनीक, उच्च उत्पादकता के आधार पर कम क्षेत्र से अधिक उत्पादन उपलब्ध करने में सक्षम है। पॉली हाऊस में सब्जियों में प्रमुखतया खीरा, विभिन्न प्रकार की शिमला मिर्च एवं टमाटर की खेती लाभप्रद है जबकि फूलों में जरबेरा, कोर्नेशन एवं गुलाब अत्यधिक लाभप्रद सिद्ध हुए हैं। पॉली हाऊस के भीतर वातावरण बाहर के वातावरण से भिन्न रहता है। बिना किसी नियंत्रण प्रणाली वाले पॉली हाऊस के अन्दर का तापमान बाहरी तापमान से 5–10 डिग्री से. ज्यादा रहता है, जबकि पूर्ण रूप से नियंत्रण वाले पॉली हाऊस में तापमान, नमी, प्रकाश आदि फसल की आवश्यकतानुसार निर्धारित किये जाते हैं। ऐसे हरित गृह का खर्चा अधिक तथा रख–रखाव भी कठिन होता है। परन्तु इनमें मनचाही फसल किसी भी मौसम में ऊगाई जा सकती है। पॉली हाऊस तकनीक से प्रति इकाई क्षेत्रफल उत्पादन (4–5 गुना) तो अधिक मिलता है साथ ही बे–मौसमी फल सब्जियाँ और फूलों की कीमत भी बहुत अच्छी मिलती है। इस तकनीक से प्राप्त उत्पादन की गुणवत्ता उच्च कोटि की होती है। इस पद्धति को अपनाकर शिक्षित युवा रोजगार प्राप्त कर अच्छा धन अर्जित कर सकते हैं। किसानों को ग्रीन हाऊसों की स्थापना के लिए राज्य सरकारों द्वारा अनुदान दिया जा रहा है। इस योजना का फायदा उठाकर ग्रीन हाऊसों में बे–मौसमी सब्जी का उत्पादन करके संरक्षित खेती की जा सकती है।

ग्रीन हाउस का भविष्य भारत में 750 लाख हैक्टर भूखंड ऊसर, कृषि की दृष्टि से व्यर्थ, परती, रेगिस्तान और अत्यधिक ठंड जैसी परिस्थितियों से प्रभावित है। इन क्षेत्रों में यदि ग्रीन हाउस तकनीकी का उपयोग किया जाये तो स्थानीय लोगों के लिये अच्छी पैदावार की जा सकती है।

बड़े शहरों के आसपास कृषि उत्पादन बड़े शहरों में ताजी सब्जी, फल और सजावटी पौधों की प्रचुर मात्रा में पूरे साल मांग रहती है। इसे पूरा करने के लिये ग्रीनहाउस तकनीकी को बढ़ाया जाना चाहिये।

निर्यात के लिये कृषि उत्पादन विदेशी व्यापार घाटे को कम करने के लिये अंतर्राष्ट्रीय बाजार में बागवानी उत्पादों का अच्छा निर्यात किया जा सकता है। उपयुक्त स्थानों का चयन कर निर्यात योग्य फसलों का ग्रीनहाउस में उत्पादन कर विदेशी मुद्रा कमाई जा सकती है।

पौधों का संवर्धन पौध उगाना और कटिंग जैसी विशेष विधाओं के लिये नियंत्रित वातावरण की आवश्यकता पड़ती है। ग्रीनहाउस का उपयोग कर पौधों की गुणवत्ता बढ़ाई जा सकती है।

जैव तकनीकी का आधार जल संर्वधन पद्धति और पोषक फिल्म तकनीकी के अध्ययन में ग्रीनहाउस द्वारा वायुमंडल का नियंत्रण आवश्यक है। फसल उत्पादन के लिये भी यह आवश्यक है।

दुर्लभ और औषधीय पौधों का उत्पादन भारत में आर्किड और जड़ी–बूटियों की ढेर सारी प्रजातियां हैं। इनके सघन उत्पादन में भी ग्रीनहाउस तकनीकी महत्वपूर्ण है।

पॉली हाऊस के रख–रखाव के लिए महत्वपूर्ण बिन्दुः–

1. पॉली हाऊस में दिए जाने वाले सिंचाई जल की ई.सी. 0.7 से कम तथा मृदा का पी.एच. 8 से कम होना चाहिए।

2. पॉली हाऊस के चारों तरफ 1.5 फिट गहरी ट्रेंच बनानी चाहिए, जिससे बारिश का पानी एकत्र नहीं होगा एवं कई प्रकार के मृदा जीव पॉली हाऊस में नहीं आ पायेंगे।

3. पॉली हाऊस में किसी भी प्रकार का छेद हो अथवा पॉलीथिन एवं इन्सेक्ट नेट फट जाए तो तुरन्त ठीक करना चाहिए।

4. पॉली हाऊस में कम से कम अथवा आवश्यकतानुसार ही आवागमन होना चाहिए एवं एन्टी चेम्बर का दरवाजा एवं मुख्य द्वार दोनों साथ नहीं खोलने चाहिए।

5. मुख्य दरवाजे पर एक ट्रे में कॉपर सल्फेट रखना चाहिए एवं प्रवेश करने से पूर्व पैरों को कॉपर सल्फेट की ट्रे में साफ करके ही अन्दर जाना चाहिए।

6. ड्रिप प्रणाली को फसल लगाने से पूर्व उपचारित करना चाहिए एवं नालियाँ जाम हो जायें तो उन्हें तनु अम्ल से उपचारित किया जाना चाहिए।

7. फसल लगाने से पूर्व क्यारियों को निर्जमीकृत किया जाना चाहिए।

8. क्यारियों की चौड़ाई एक मीटर एवं ऊँचाई 45 से.मी. रखनी चाहिए।

9. दो क्यारियों के बीच में 60 से.मी. का आवागमन पथ रखना चाहिए।

10. एक फसल पूरी होने से पहले ही दूसरी फसल की तैयारी शुरू कर देनी चाहिए, जैसे पौध तैयार करना आदि।

11. पॉली हाऊस में सघन कृषि प्रणाली अपनानी चाहिए, कभी भी पॉली हाऊस एक सप्ताह से ज्यादा खाली नहीं रखना चाहिए।

12. पॉली हाऊस में उगायी जाने वाली फसलों का चुनाव बाजार को ध्यान में रख कर करना चाहिए एवं अधिक मूल्य वाली फसलों का ही चयन करना चाहिए।

13. उगाई जाने वाली किस्में अधिक उत्पादन देने वाली एवं अधिक गुणवत्ता वाली होनी चाहिए।

14. इसके अन्दर किसी भी प्रकार का कचरा, पुरानी फसलों के अवशेष एवं खरपतवार नहीं होने चाहिए।

15. पॉली हाऊस को खाद, बीज, औजारों के भण्डारगृह की तरह इस्तेमाल नहीं करना चाहिए।

16. पॉली हाऊस में तापमान एवं आर्द्रता का विशेष ध्यान रखना चाहिए, समय–समय पर आवश्यकतानुसार फोगर्स एवं पर्दे के उपयोग से इनका नियन्त्रण करते रहना चाहिए।

17. किसी भी कीट अथवा बीमारी का प्रकोप होने पर तुरन्त उसके नियंत्रण पर ध्यान देना चाहिए, क्योंकि पॉली हाऊस के अन्दर कीट एवं बीमारियाँ बहुत जल्दी विकराल रूप ले लेती हैं।

*****

[2]

प्लास्टिक पलवार तथा ड्रिप-फर्टीगेशन से प्याज उत्पादन एवं लाभ

प्याज एक द्विवर्षीय औषधीय फसल है। एक वाष्पशील तेल (allyl propyl- disulphide) की उपस्थिति के कारण से प्याज में एक विशिष्ट गंध, स्वाद और तीखापन होता है। इसके कारण से ही प्याज के कंद लंबी अवधि के लिए भंडारण हेतु उपयुक्त होते हैं। प्याज का उपयोग सलाद, सूप, अचार एवं निर्जलित प्याज के रूप में किया जाता है। भारत, चीन के बाद विश्व में प्याज का सबसे बड़ा उत्पादक है और निर्यात में नीदरलैंड और स्पेन के बाद तीसरे स्थान पर है। भारत में 2013–14 में प्याज का कुल उत्पादन 194 लाख मैट्रिक टन तथा उत्पादन क्षेत्र 12.30 लाख हैक्टेयर था। भारत में महाराष्ट्र प्याज उत्पादन में सबसे अग्रणी है। कर्नाटक और गुजरात का स्थान इसके बाद है। यह फसल मध्य प्रदेश, कर्नाटक, गुजरात, आंध्रप्रदेश, तमिलनाडु, राजस्थान और बिहार इत्यादि राज्यों में व्यापक पैमाने पर उगायी जाती है। पिछले कुछ वर्षों में राजस्थान में प्याज के क्षेत्रफल में तेजी से वृद्धि हुई है। यह क्षैत्रफल 2010–11 में 49,000 हैक्टेयर से बढ़कर 2013–14 में 1,39,050 हैक्टेयर हुआ है। भारत में प्याज का औसत उत्पादन 16.1 टन प्रति हैक्टेयर है (स्त्रोत : Indian Horticulture 2013, NHB)

उन्नत किस्में किस्में उसके आकार, त्वचा का रंग, तीखापन और कंद की परिपक्वता आदि में भिन्न होती हैं। बड़े आकार के कंदों में तीखापन, छोटे आकार के कंदों से कम होता है। लाल रंग की किस्मों में सफेद त्वचा वाली किस्म से अधिक तीखापन होता है और उसका भंडारण अधिक समय तक किया जा सकता है। स्थानीय किस्मों का विपणन उगाये गए जगह के नाम से दिया जाता है जैसे पूना लाल, नासिक लाल, बेल्लारी लाल, पूसा लाल, पूसा सफेद, पटना सफेद आदि प्याज व्यापार में आम है। एग्री फाउन्ड गहरी लाल एवं एग्री फाउन्ड हल्की लाल खरीफ के अन्त में एवं रबी मौसम में उगाई जाने वाली लोकप्रिय किस्में हैं।

नर्सरी स्थापना/बीज की बुवाई नर्सरी स्थापना के लिए क्यारी की ऊँचाई 15 से.मी., चौड़ाई 75 से.मी. और उसकी लम्बाई सुविधा अनुसार रखी जाती है। दो क्यारियों के बीच की दूरी कम से कम 30 से.मी. होनी चाहिए ताकि अधिक पानी की निकासी हो सके। उठी हुई क्यारी नर्सरी तैयार करने के लिए इसलिए भी उपयुक्त हैं क्योंकि सपाट क्यारी में पानी एक छोर से दूसरे छोर में जमा होने की सम्भावना होती है जो बीज को अपने साथ बहा ले जाता है। बीज नर्सरी में पंक्ति में डाला जाता है। शेडनेट की छाया में नर्सरी अच्छे ढंग से स्थापित होती है

मुख्य खेत में भूमि की तैयारी गर्मी के मौसम में एक बार भूमि की गहरी जुताई (20–25 से.मी.) डिस्क हल से तथा दो बार डिस्क हैरो या कल्टीवेटर से करनी चाहिए। इसके बाद भूमि में रोटवेटर चलाकर मिट्टी को और बारीक किया जाता है। उठी हुई क्यारी (0.75 मीटर चौड़ी एवं 15 से.मी. ऊँची) सुविधाजनक लंबाई में तैयार की जाती हैं। तैयार की गई क्यारी में 50 से.मी की दूरी पर दो ड्रिप की नलियाँ, पलवार बिछाने से पूर्व सीधी लाइन में रखी जाती हैं।

प्लास्टिक पलवार प्लास्टिक पलवार वाष्पीकरण घटाने का तथा ड्रिप सिंचाई क्यारी में पानी के समान वितरण एवं खरपतवार नियंत्रण का प्रभावी तरीका है। काले–सफेद पलवार के प्रयोग से मौसम अनुसार मिट्टी का तापक्रम भी नियंत्रित किया जा सकता है एवं मिट्टी में एक सूक्ष्म वातावरण पैदा होता है जो फसल बढ़वार में सहायक होता है। ड्रिप सिंचाई के साथ पलवार बिछाने से ड्रिप इमीटर में जमाव को भी घटाया जा सकता है क्योंकि पानी सीधा वाष्पीकृत नहीं होता अतः लवण जमा नहीं होते हैं। 25–35 माइक्रोन (100–140 गेज) की मोटाई वाली फिल्म उठी हुई क्यारी पर दृढ़ता से बिछाई जाती है। बिछे हुए पलवार पर 2.5 से.मी. व्यास के छेद पौधे और पंक्तियों की दूरी के अनुसार किये जाते हैं और उसमें प्याज की तैयार पौध को लगाया जाता है। एक हेक्टर क्षेत्र में 25 माइक्रोन उच्च गुणवत्ता प्लास्टिक पलवार बिछाने का खर्च लगभग रु. 42,000/– आता है। यह पलवार कम से कम दो बार (प्याज फसल के लिए) काम में लाई जा सकती है। यदि बड़े पैमाने में पलवार बिछाना हो तो पलवार बिछाने वाली मशीन का उपयोग किया जा सकता हैं।

खाद एवं उर्वरकों का प्रयोग जमीन तैयार करते समय या पौध की रोपाई के पहले 25 टन गोबर की खाद साथ ही साथ रासायनिक उर्वरकों

जैसे नत्रजन, फॉस्फोरस तथा पोटाश प्याज की खेती के लिए मृदा में डालना आवश्यक है। 40 किलो नत्रजन, 50 किलो फॉस्फोरस तथा 100 किलो पोटाश प्रति हैक्टेयर मात्रा भूमि की तैयारी के समय मिट्टी में मिलाया जाता है। बाकी 60 किलो नत्रजन पौध रोपण के 1 माह बाद, 15 दिन के अंतराल में तीन बराबर हिस्से में ड्रिप से दी जानी चाहिए।

रोपाई 6–8 सप्ताह की पौध को बिछे हुए पलवार में बने छेद में लगाया जाता है। 15 से.मी. लम्बे तथा स्वस्थ पौध रोपाई के लिए उपयुक्त होती हैं। यदि पौध ज्यादा लंबी है तो उसके उपरी हिस्से को काटा जाता है। रोपाई के समय कतार से कतार की दूरी 15 से.मी. तथा पौध से पौध की दूरी 10 से.मी. रखी जाती है।

टपक सिंचाई (ड्रिप सिंचाई) पानी की आवश्यकता फसल के चरणों के साथ बदलती रहती है। ड्रिप सिंचाई विधि द्वारा पौधों को उसकी आवश्यकता के अनुरूप नियमित अन्तराल में सिंचाई की जाती है एक क्यारी में दो ड्रिप नलियाँ (16 मि.मी. व्यास) होनी चाहिए। दो छिद्रों के बीच की दूरी 30 से.मी. होनी चाहिए। पानी का प्रवाह कम से कम 2 लीटर प्रति घण्टा होना चाहिए।

ड्रिप सिंचाई यंत्र पौधे की स्थापना के समय (बुवाई से 30 दिन तक) 2 दिन के अंतराल में 15–20 मिनट चलाया जाता है (वातावरण अनुसार)। रोपाई के बाद 30 से 60 दिन तक करीब 30 मिनट 3 दिन के अन्तराल पर और 60 से 90 दिन तक 45 मिनट 3 दिन के अन्तराल पर सिंचाई की जाती है। रोपाई के 90 दिन बाद ड्रिप सिंचाई की अवधि एवं पानी की मात्रा घटायी जाती है और खुदाई के 10–15 दिन पहले सिंचाई रोक दी जाती है। प्लास्टिक पलवार से 40–60 प्रतिशत तक पानी की बचत होती है और उत्पादन में भी 30–50 प्रतिशत तक की वृद्धि पाई गई है। प्याज में ड्रिप प्रणाली लगाने का कुल खर्च करीब 1 लाख 70 हजार रुपये प्रति हेक्टर अनुमानित किया गया है तथा इस प्रणाली की उम्र 10 साल तक होती है।

फर्टिगेशन उर्वरकों का सिंचाई जल के साथ वितरण करने का कारगर तरीका है। प्याज फसल में रोपाई के 30 दिन बाद नत्रजन का शेष भाग 15 दिनों के अंतराल पर तीन समान भागों मे घुलनशील यूरिया के रूप में दिया जाता है। इसके अलावा अन्य घुलनशील पोषक तत्व भी फसल में दिये जा सकते हैं। ड्रिप सिंचाई प्रणाली में एक खास यंत्र द्वारा दिया जाता है। यदि

टंकी विधि से ड्रिप सिंचाई करें तो घुलनशील खाद टंकी में सही मात्रा में मिलाया जाता है।

खुदाई एवं फसल उपज किस्म के आधार पर प्याज रोपाई के बाद 3–5 महीने मे खुदाई के लिए तैयार होता है। प्याज के पौधों के ऊपरी भाग गिरने की अवस्था में उसे खींचकर निकाला जाता है या खुरपी द्वारा निकाला जाता है। प्याज परिपक्व होने के 10–15 दिन पहले उसके पौधों को पैरों से या ड्रम चलाकर गिराया जाता है एवं सिंचाई बन्द कर दी जाती है। इस प्रक्रिया से पौधों की नमी एवं रसायन प्याज कंद में जमा हो जाते हैं जिससे भंडारण क्षमता एवं गुणवत्ता बढ़ जाती है। इस प्रणाली से 40–50 टन प्रति हैक्टेयर कंद उपज होती है।

प्लास्टिक पलवार को निकालना प्लास्टिक पलवार को पुनः उपयोग मे लाने के लिए दो क्यारी के बीच नाली में पानी छोड़ दिया जाता है और नम मिट्टी से पलवार को ध्यानपूर्वक खींचकर निकाल दिया जाता है।

भंडारण प्याज के ऊपरी छिलकों के सूखने के बाद कंद को हवादार कमरे में सूखे फर्श पर फैलाया जाता है। समय–समय पर कंद को पलटा जाता है एवं सड़े हुए एवं अंकुरित कंदों को हटा दिया जाता है।

*****

[3]

ड्रिप एवं प्लास्टिक पलवार बिछाने और पुनः एकत्रित करने के विधि

प्लास्टिक पलवार मिट्टी की नमी संरक्षण की एक विधि है। प्लास्टिक पलवार बिछाने से पौधों के विकास और उत्पादन अच्छा होता है। सामान्य रूप से प्लास्टिक पलवार रेज्डबैड के ऊपर ड्रिप लेटरल बिछाने के बाद बिछाई जाती है। ड्रिप सिंचाई के साथ प्लास्टिक की पलवार सब्जी उत्पादन के लिए महत्वपूर्ण तकनीक है और इसकी लोकप्रियता सभी सब्जी उत्पादकों के बीच बढ़ रही है। कृषि के क्षेत्र में कई कार्य अब मशीन के द्वारा किये जा रहे हैं। जहां अधिक श्रम की आवश्यकता होती है वहां मशीनीकरण को बल दिया जाता है। पलवार और ड्रिप लेटरल बिछाने/पुनः प्राप्त करने के मशीनीकरण ने बहुत धीरे–धीरे प्रगति की है। पलवार लाभप्रद है क्योंकि इससे श्रम की मांग कम होती है।

प्लास्टिक पलवार और ड्रिप बिछाने की वर्तमान पद्धतिः–

पलवार बिछाने का कार्य मानव श्रम से या पलवार बिछाने की मशीन से किया जाता है। मानव श्रम से पलवार बिछाने पर पहले उपयुक्त आकार की रेज्डबैड तैयार की जाती है फिर उस पर लेटरल लाईन बिछाई जाती है। फिर रेज्डबैड पर प्लास्टिक पलवार बिछाई जाती है। पलवार बिछाने के साथ ही दोनों किनारे मिट्टी से दबा देने चाहिए ताकि पलवार हवा से अपनी स्थिति से विस्थापित नहीं हो। इसके बाद उपयुक्त आकार के छिद्र करके पौधे का रोपण किया जाता है। किन्तु इस विधि में अधिक समय एवं श्रम लगता है, जिससे उत्पादन लागत बढ़ती है, क्योंकि इस विधि में सारी शस्य क्रियाएं एक के बाद एक की जाती है।

आजकल व्यावसायिक तौर पर ट्रैक्टर चलित मशीन उपलब्ध है। इस ट्रैक्टर चलित मशीन में उपरोक्त सारी शस्य क्रियाएं एक साथ हो जाती हैं। मशीन से रेज्डबैड बनाना, ड्रिप लाईन बिछाना, उसके ऊपर पलवार बिछाना, पलवार में निर्धारित दूरी पर छिद्र करना एवं पलवार के दोनों तरफ मिट्टी से

ढकना, यह सारी क्रियाएं एक बार में हो जाती हैं। किन्तु ट्रैक्टर चलित मशीन में संचालन सम्बन्धी परेशानियां होती है, जैसे :–

1. दो रेज्डबैड के बीच अधिक जगह छूटती है (कुल क्षेत्रफल का 35–40 प्रतिशत)। 2. छोटे किसान एवं अनियमित आकार के क्षेत्र में उपयुक्त नहीं है क्योंकि हर बार अलग–अलग लम्बाई की लेटरल एवं बेड बनानी पड़ेगी।

3. बड़ा ट्रैक्टर चलने में मिट्टी दबाव से कड़ी हो जाती है।

4. ट्रैक्टर चलित मशीन में एक बार बिछाने के बाद पुनः इकट्ठा करने का प्रावधान नहीं है।

5. प्रारम्भिक खर्च अधिक आता है। अतः छोटी जोत वाले किसानों की सुविधा के लिए आंशिक मशीनीकरण के तहत पलवार बिछाने, लेटरल बिछाने, लेटरल पुनः संग्रहण, पलवार पुनः संग्रहण के लिए मानवचलित ट्रोली बनाई गई है।

मशीन निर्माण का ब्यौराः–

मशीन का मुख्य फ्रेम स्टील का बना होता है। ट्रोली के फ्रेम को मजबूत रखा गया है जिससे यह क्षेत्र में चलते समय संलग्नकों का भार उठा सके तथा इसको कृषि उत्पाद एवं सामान ढोने के काम लिया जा सके। मशीन का माप 1500 × 750 × 650 मि.मी. है जो 100 × 100 × 5 मि.मी. मोटी चौकोर फ्रेम से बना हुआ है। मशीन का भार 55 कि.ग्रा. है। मुख्य फ्रेम दो टायर द्वारा चलाया जा सकता है। इसके साथ दो स्टेण्ड है जो खड़ा करने में स्थायित्व प्रदान करते हैं। इस मशीन में बेड की चौड़ाई के अनुरूप पहियों में दूरी कम–ज्यादा करने का प्रावधान रखा गया है। इस तरह इसकी लागत लगभग रू. 20,000/– आती है।

(अ) पलवार बिछाने एवं इकट्ठा करने के लिए संलग्नक लगाने के लिए ट्रोली के दो कोनों पर 25 उउ चौकोर पाईप लगाया गया जिसके 1750 उउ संलग्नक फिट हो जाता है। प्लास्टिक का रोल उन दोनों सिरों से दो कोनों के साथ फिट हो जाते हैं, जिसको एक हैण्डल के माध्यम से एक दिशा में घुमाने पर पलवार खुलता है तथा दूसरी दिशा में घुमाने से वापस समेटने लगता है

(ब) ड्रिप बिछाना एवं एकत्रित करना एक चौकोर पाईप 15 बउ ऊंचा फ्रेम पर इस तरह लगाया जाता है कि उसमें संलग्नक लगाया जा सके। इस संलग्नक को नट एवं बोल्ट से फिक्स कर दिया जाता है। इस संलग्नक में एक वृत्ताकार फ्रेम होता है जो कि चार हत्थों पर टिका रहता है। इस वृत्ताकार संरचना को एक तरफ फ्रेम में फिट होता है तथा दूसरे सिरे में समेटने की व्यवस्था होती है। सारा ढांचा एक बियरिंग पर टिका रहता है ताकि घूर्णन में आसानी रहे।

(स) ट्रोली की तरह उपयोग इसमें फ्रमे इस तरह बनाया जाता है कि करटे इसमें फिट हो जाते हैं या खाद, बीज की बगे भी इस पर रखकर एक स्थान से दसू रे स्थान पर आसानी से ले जाय़ा जा सकता ह।

मशीन की कार्यप्रणालीः–

मानव शक्ति चलित ट्रोली को इस तरह बनाया गया है कि इससे पलवार बिछाई जा सकती है तथा उसको वापस समेट सकते हैं। इसी तरह ड्रिप लेटरल को भी बिछाया तथा संग्रहण किया जा सकता है। पलवार बिछाने के लिए कम से कम दो मजदूरों की आवश्यकता होती है। एक मजदूर मशीन को आगे खींचता है तथा दूसरा पलवार को खींचते हुए बैड पर बिछाता है। उस पलवार को पुनः संग्रहण के लिए एक मजदूर पलवार को मिट्टी से अलग करता है तथा दूसरा मजदूर उस पलवार को इकट्ठी कर लेता है।

*****

[4]

सौर शुष्कीकरण का कृषि में उपयोग एवं लागत में कमी

भारत देश की जनसंख्या बहुत तीव्र गति से वृद्धि कर रही है। वर्तमान में भारतीय जनसंख्या का बहुत बड़ा भाग निम्न पोषित है। खाद्य उत्पादन में कोई समस्या नहीं है, परन्तु खाद्य में कमी का मुख्य कारण यह है कि खाद्य पदार्थ की अधिकतर मात्रा कटाई उपरान्त ही व्यर्थ हो जाती है, जो कि कीटों के हमले, संग्रहण के दौरान नाश, विषाक्तता इत्यादि द्वारा हो रही है। यह कमी खाद्य का संग्रहण करने से पूर्व उपयुक्त रूप से शुष्कीकरण द्वारा रोकी जा सकती है। किसी भी खाद्य पदार्थ के संग्रहण के दौरान नाश की हद अंतिम उत्पाद की आर्द्रता की मात्रा पर निर्भर करती है। उचित तरीके से शुष्कीकरण द्वारा अनुज्ञेय अवधि तक आर्द्रता की मात्रा कम की जा सकती है। सिर्फ अनुपयुक्त तरीके से किये गये शुष्कीकरण से भारत जैसे विकासशील देशों में 20 से 30ः फसलें नष्ट हो जाती हैं।

कृषि उत्पादों को सुखाने हेतु अच्छी विधियाँ कृषकों तक नहीं पहुंच पातीं अतः वे इस उद्देश्य के लिए विभिन्न सुविधाओं का लाभ नहीं ले पाते। ग्रामीण क्षेत्रों में शुष्कीकरण अनिवार्य रूप से सूर्य विकिरणों पर आधारित होता है जिससे धूल, संक्रमण, पक्षियों द्वारा खा लिये जाने तथा अचानक वर्षा से नुकसान होने की आशंका बनी रहती है जिसे खुला सौर शुष्कीकरण कहते हैं। इसके अन्तर्गत उत्पाद को खुली सौर विकिरणों में फैलाया जाता है और तब तक रखा जाता है जब तक उत्पाद की नमी हट न जाए और ऐच्छिक स्तर पर शुष्कीकृत उत्पाद प्राप्त न हो जाए। शुष्कीकरण के दौरान उत्पाद को सब तरफ से समान रूप से सुखाने के लिए थोड़े समय के अन्तराल में पलटा जाता है। वर्षा एवं तूफान के दौरान यह नहीं किया जाता।

सौर ऊर्जा का उचित उपयोग कृषि एवं उद्योग में मुख्यतया उनमें जिनमें कम तापमान की आवश्यकता होती है, की शुष्कीकरण पद्धति में किया जा सकता है। सौर ऊर्जा की किसी स्थान पर उपलब्धता के बारे में सौर

उपकरणों के प्रबंधन, डिजाइन एवं शोध के साथ कोई क्रियाविधि करने हेतु जानकारी प्राप्त करना बहुत आवश्यक है। हालांकि सौर विकिरणों की उपलब्धता मौसम पर, रोजाना एवं घंटों के हिसाब से, साथ ही दिशा पर भी निर्भर करती है। यह जानना बहुत जरूरी है कि मौसमी तथ्यों के साथ भौगोलिक स्थिति पर किस दिशा में सबसे ज्यादा सौर ऊर्जा उपलब्ध रहती है।

सौर शुष्ककः–

शुष्कीकरण एक बहुत पुरानी तकनीक है जिससे कृषि एवं उद्यानिकी के विभिन्न उपयोगी उत्पादों से अतिरिक्त नमी हटा दी जाती है। बहुत पुराने समय से लोग कम जीवन वाले व जल्दी खराब होने वाले उत्पादों का शुष्कीकरण करके उनको लम्बे समय तक भण्डारण योग्य, सुविधाजनक यातायात एवं बाद में उपयोग में लिये जा सकने के योग्य बनाते थे। आधुनिक समय में, घरेलू महिलाएँ, कृषक, उद्योगपति विभिन्न उत्पादों, विशेषतया खाद्य पदार्थों को विभिन्न कारणों के लिए अलग–अलग पद्धतियाँ काम में लेकर शुष्कीकरण करते हैं। छोटे एवं असंगठित स्तर पर अभी भी खुले में सौर ऊर्जा द्वारा शुष्कीकरण प्रचलित है लेकिन औद्योगिक क्षेत्र शीघ्र एवं नियंत्रित शुष्कीकरण के लिए यांत्रिकी शुष्कक काम में लेते हैं। ऊर्जा की हमेशा से बढ़ती हुई कीमतें एवं उसके द्वारा होने वाले प्रदूषण के कारण सौर शुष्कक जैसे साधन ढूंढने जरूरी हैं। आजकल के दिनों में उच्च गुणवत्ता वाले सौर ऊर्जा द्वारा सुखाए गए उत्पाद जिनका असली रंग, पोषण मूल्य एवं रूप बना रहे, लोगों को बहुत आकर्षित करते हैं। खाद्य उत्पादों की मूल्य वृद्धि में पहली इकाई शुष्कीकरण है।

सौर ऊर्जा वातावरणीय मित्र है, जो कि मुफ्त रूप से उपलब्ध अक्षय ऊर्जा का स्रोत है। विभिन्न प्रकार के सौर शुष्कक विभिन्न उत्पादों के शुष्कीकरण हेतु चारित्रिक गुणों के हिसाब से विकसित किए गए हैं। सौर ऊर्जा अक्षय, प्रदूषण रहित और बिल्कुल मुफ्त है। यह परम्परागत ईंधन से संबंधित समस्याओं से बचाती है। भारत देश के अधिकतर स्थान साल में 300 दिन खुली धूप वाले हैं, जहाँ सौर ऊर्जा को आसानी से शुष्कीकरण के लिए उपयोग में लाया जा सकता है।

सौर शुष्कक की मूल कीमत अन्य परम्परागत शुष्ककों से तो थोड़ी ज्यादा होती है, परन्तु उपयोग के दौरान न्यूनतम लागत एवं उच्च गुणवत्ता

वाले अंतिम उत्पाद, इन शुष्ककों को आर्थिक रूप से सक्षम बना देते हैं और लम्बे समय के लिए काम में लेने हेतु यह एक अच्छा विकल्प है जिसे प्राथमिकता दी जानी चाहिये।

प्राकृतिक संवातन युक्त सौर शुष्करः–

- उत्पाद में से या उत्पाद के ऊपर से होने वाले वायु प्रवाह जिसमें तापमान में विभिन्नता वायु को शुष्कीकरण कार्य हेतु उपयोगी बनाती है।
- उत्पाद को पाउडर रूप में शुष्क करने हेतु उपयोगी है।
- दूर दराज इलाकों में भी आसानी से उपयोग में लाया जा सकता है।
- इसका उपयोग छोटे स्तर पर उपयुक्त है।
- इसकी प्रारंभिक लागत भी अपेक्षाकृत कम है।

सौर गुफानुमा शुष्कक (सोलर टनल शुष्कक):–

सौर गुफानुमा शुष्कक एक सरल, सक्षम एवं शुष्कीकरण कार्य में सुविधाजनक संयंत्र है, जो बड़े स्तर पर उपयोग में लाया जा सकता है। एक प्राकृतिक ऊष्णता वाला सौर गुफानुमा शुष्कर अनिवार्य रूप से पॉली हाऊस जैसा ढांचा है। यह एक अर्ध बेलनाकार गुफानुमा ढांचे के आकार का होता है जिसमें भार का वहन व निर्वहन आसानी से किया जा सकता है

सौर गुफानुमा शुष्कक एक औद्योगिक स्तर का शुष्कक है, जिसमें आसानी से 1 से 1.5 टन तक कृषि पदार्थ, रसायनिक पदार्थ तथा औद्योगिक पदार्थ सुखाये जा सकते हैं। इस शुष्कक में आसानी से पदार्थ डाला जा सकता है तथा आसानी से सूखने पर निकाला जा सकता है। यह एक पॉली हाऊस आकार का शुष्कक है, जिसका आधार पूर्व–पश्चिम दिशा में रखा जाता है तथा इसकी लम्बाई हमेशा दक्षिण दिशा में रहती है, ताकि वह ज्यादा सूर्य की किरणों का फायदा ले सके। विशेषकर इसके उत्तर दिशा में एक काली धातु की कुचालक चद्दर लगाई जाती है, ताकि उस दिशा से ताप हानि न हो। इस तरह के शुष्कक दोनों सिद्धान्तों पर आधारित होते हैं, अर्थात् प्रातिक संवाहक शुष्कक तथा बाहरी शक्ति संवाहक शुष्कक। यह देखा गया है प्राकृतिक संवाहक शुष्कक में तापमान के अन्तर के कारण बाहरी ठण्डी हवा इस तरह के शुष्कक में प्रवेश लेती है तथा हवा का प्रवाह पदार्थ

में से होता हुआ उपयुक्त नमी लेकर शुष्कक पर लगी चिमनियों से बाहर आ जाता है। जबकि बाहरी शक्ति संवाहक में विद्युत चलित पंखे, पम्प अथवा अन्य विधि से बाहर की हवा पदार्थ में से प्रवाहित की जाती है। इस शुष्कक की दूसरी मुख्य विशेषता यह है कि पदार्थ के सूखने के दौरान, शुष्कक में प्रवेश कर के पदार्थ की स्थिति का सही आंकलन किया जा सकता है। इसके साथ यह भी देखा गया है अधिक मात्रा को सुखाने का यह सही साधन है तथा अपेक्षाकृत दूसरे तरह के शुष्कक से कम लागत होती है। गुफानुमा सौर शुष्कक के कुछ प्रमुख लक्षण निम्न हैं–

1. बनावट में सरल एवं इसमें तापमान व आपेक्षिक आर्द्रता का नियंत्रण सहज होता है।

2. अधिक मात्रा पर वस्तुओं के शुष्कीकरण का सस्ता साधन है।

3. विशिष्ट आवश्यकताओं के अनुसार डिजाइन सम्भव है।

4. स्थानीय कारीगर द्वारा आसानी से संयंत्र का निर्माण हो जाना।

5. सभी प्रकार के औद्योगिक एवं कृषि उत्पादों जिनमें मुक्त नमी पाई जाती है उनका इस शुष्कक में आसानी से शुष्कीकरण होना।

6. दीर्घ स्तर पर सौर ऊर्जा का संयुग्मन करने हेतु यह एक नया विचार है।

7. इस प्रौद्योगिकी के प्रसार द्वारा इसमें उद्यमिता के अच्छे अवसर हैं।

8. सभी औद्योगिकी एवं कृषि उत्पाद बिना किसी कार्य लागत के सिर्फ एक दिन अथवा दो दिन तक आसानी से सौर ऊर्जा से सुखाए जा सकते हैं।

9. दीर्घ स्तर पर भी उत्पादों का वहन व निर्वहन बहुत आसान है।

10. सौर शुष्कर की अन्य डिजाइनों की तुलना में शुष्कीकरण काफी तीव्र गति से होता है।

सौर गुफानुमा शुष्कक की बनावटः–

1. शुष्कक का धात्विक ढाँचा बनाने हेतु 200 माइक्रोन मोटाई की अर्द्धपारदर्शी पालीथिन शीट जिनमें पराबैंगनी किरणों द्वारा कोई नुकसान नहीं होता है, उपयोग में लायी जाती है। गुफा में वायु प्रवाह का प्राकृतिक संवातन

उत्पन्न करने हेतु लम्बाई के साथ फर्श में लगभग 2.3° के उतार की सुविधा भी है।

2. सूर्य की विकिरणों के बेहतर अवशोषण हेतु सीमेन्ट कंक्रीट का फर्श काले रंग से पेंट किया जाता है। फर्श के द्वारा 5 से.मी. मोटाई का ग्लास वूल का अवरोधन सामान्यतः ऊष्मा के क्षय को कम करने के लिए किया जाता है। गुफा के अन्दर उत्तरी दिशा में भी ऊष्मा का क्षय घटाने हेतु अनिवार्य रूप से एक काली धातु की पट्टी (दक्षिण दिशा की तरफ) लगायी जाती है। गुफा की परिधि में जमीन के पास ही ऊपरी भाग छोड़कर ताजी हवा के लिए प्रवेश द्वारों की सुविधा भी होती है।

3. गुफा की दक्षिण दिशा में दिन में सूर्य होने से वह अधिकतम सूर्य का प्रकाश अवशोषित करती है। क्षेत्र के अनुसार यह कुल गुफा क्षेत्र का 68ः है। शेष गुफा का 32ः क्षेत्र जो कि उत्तर दिशा की तरफ होता है, ऊर्जा क्षय का क्षेत्र है, अतः इसमें ऊष्मा क्षय को रोकने के लिए उत्तरी दिशा में गुफा की रक्षा करनी आवश्यक है, इसलिए इस दिशा में धातु पट्टी लगाई जाती है।

4. चिमनी की संख्या व आकार, एक दिन में नमी हटाने की मात्रा व शुष्कीकरण दर के हिसाब से तय की जाती है।

*****

[5]

पॉली हाऊस में सूत्रकृमि प्रबन्धन

शहरों के आसपास के किसानों का रूझान संरक्षित खेती की ओर बढ़ रहा है जहाँ पर नियंत्रित वातावरण में वे अधिक से अधिक उपज प्राप्त कर माँग की पूर्ति कर सकते हैं। संरक्षित खेती में नियंत्रित वातावरण के अन्र्तगत वे सब आर्दश परिस्थितियाँ फसलों को दी जाती हैं जिनसे अधिक से अधिक उपज मिल सके और वर्ष भर उन्हीं फसलों को उगाया जाता है जिनकी माँग अधिक होती है। वर्तमान समय में संरक्षित खेती में भी सबसे बड़ी रूकावट फसलों में लगने वाले सूत्रकृमि व उससे होने वाला जड़गाँठ रोग है। जड़गाँठ सूत्रकृमि बहुभक्षी प्रकृति का जीव है। पॉली हाऊस में प्रमुखतः एक ही फसल को वर्षभर उगाया जाता है जिसके कारणवश सूत्रकृमियों की संख्या व नुकसान में अत्याधिक वृद्धि हो जाती है जो कि लगभग 45–60 प्रतिशत तक है।

फसल पर सूत्रकृमि का प्रकोप होने पर पौधों में पीलापन व बौनेपन के लक्षण प्रकट होते हैं। पौधे को जड़ सहित उखाड़ कर देखा जाये तो जड़ों पर गाँठें बनी हुई दिखाई देती हैं जो कि इस रोग का प्रमुख लक्षण है। एक फसल के ऊपर यह सूत्रकृमि 3–4 जीवनचक्र पूरे कर लेता है। शुरूआत में सूत्रकृमि की संख्या कम होने के कारण एक दो फसल अच्छी मिल जाती है लेकिन उसके बाद जैसे ही यह संख्या आर्थिक स्तर के ऊपर पहुँचती है व फसल सूखकर नष्ट हो जाती है।

प्रकोप की अधिकता में जड़ों पर बनने वाली गाँठें बड़ी व संख्या में अधिक हो जाती है जिससे पौधे का पूरा संवहन तंत्र गड़बड़ा जाता है और उसका परिणाम पौधे की मृत्यु के रूप में सामने आता है। पॉली हाऊस में मुख्य रूप से खीरा, टमाटर, शिमला मिर्च, भिण्डी, खरबूज, तरबूज, गुलाब, जरबेरा आदि की खेती की जा रही है। ये सभी फसलें सूत्रकृमियों से गंभीर रूप से ग्रसित हैं। जहाँ पर 80 प्रतिशत तक नुकसान आंका गया है। सूत्रकृमियों से प्रभावित फसल में कवकों द्वारा होने वाले रोग फसल में होने वाले नुकसान को कई गुणा बढ़ा देते हैं।

पॉलीहाऊस में खेती हेतु किसानों को सामान्य अनुशंसाएँ:–

1. कम से कम एक महीना प्रतिवर्ष गर्मियों में पॉली हाऊस को फसल मुक्त रखें व इस दौरान आवश्यक निर्जमीकृत क्रियाएँ करा देवें।

2. पॉली हाऊस में फर्टीगेशन सिफारिश के अनुसार करें।

3. सूत्रकृमि की जाँच के लिए मृदा का नमूना पौधे की जड़ के आस–पास से 3 से 6 इंच गहराई से लें। खेत में 4–5 स्थान से नमूने लेकर उन्हें अच्छी तरह से मिलाएँ व 200 ग्राम मृदा को पॉलीथीन की थैली में भरकर अच्छी तरह से चिन्हित कर प्रयोगशाला में भिजवाएँ।

4. फसल की अन्तिम कटाई के बाद पॉली हाऊस को निर्जमीकृत करें एवं फसल अवशेषों, विशेषकर जड़ों को पूर्णतः बाहर निकाल कर जला दें।

5. कोकोपीट को निर्जमीकृत करने के बाद काम में लें व हर नई फसल लगाने से पहले निर्जमीकृत करें।

6. पॉली हाऊस के बाहर जो कवरिंग होती है वह वर्तमान में 5 से 7 इंच गहराई तक दबायी जाती है जो पर्याप्त नहीं है अतः इसे कम से कम एक से डेढ़ फीट तक दबाया जाना चाहिए ताकि पॉलीहाऊस में बाहर से जल व मिट्टी के साथ आने वाले सूत्रकृमि एवं अन्य पौधव्याधि कारकों को रोका जा सके।

7. वर्तमान में खीरा, टमाटर तथा शिमला मिर्च में डेजोमेट, मिथामसोडियम तथा एसटीटीसी (सोडियम टेट्रा थायो कार्बोमेट) रसायनों का उपयोग प्रायोगिक तौर पर सूत्रकृमि प्रबंधन हेतु किया जा रहा है लेकिन किसानों के लिए सिफारिश हेतु इन रसायनों का राज्य में परीक्षण तथा रजिस्ट्रेशन करवाना आवश्यक है।

पॉली हाऊस में सूत्रकृमि प्रबंधनः–

पॉली हाऊस में मिर्च, खीरा तथा टमाटर की खेती मुख्य रूप से की जा रही है। ये तीनों फसलें सूत्रकृमि के प्रति ज्यादा सुग्राही है। सूत्रकृमि के लिए द्विस्तरीय तकनीकी प्रबंधन कर इससे बचाव किया जा सकता है।

नर्सरी प्रबंधनः– प्रो–ट्रे में निर्जमीकृत माध्यम जैसे कोकोपिट, परलाइट एवं वर्मीकुलाइट में पौध तैयार करें अथवा पॉलीहाऊस के अन्दर

उठी हुई क्यारियों में पौध सामग्री तैयार करें। इसके लिए सड़ी हुई बारीक गोबर की खाद या वर्मीकम्पोस्ट (5 किग्रा./वर्गमीटर) को 20 ग्राम ट्राइकोडर्मा विरिडी तथा 20 ग्राम पेसिलियोमाइसीस लिलासीनस से सान्द्रित करें।

पौध रोपण से पहले प्रबंधनः– सभी पॉली हाऊस फसलों में 4–5 टन वर्मीकम्पोस्ट एवं 1 टन अरण्डी या नीम की खली (डीओयल्ड पाउडर के रूप में) को 2 किलो ट्राइकोडर्मा विरिडी तथा 2 किलो पेसिलोयोमाइसीस लिलासीनस प्रति एकड़ की दर से सान्द्रित कर बेड में मिलायें।

*****

[6]

जैविक आदान उत्पादन की तकनीकें

जैविक कृषि की मूल भावना में तीन महत्वपूर्ण पहलू है– पर्यावरण का संतुलन, उत्पादकता एवं सामाजिक समानता। जैविक खेती की अवधारणा हमारी अनूठी ग्राम्य जीवन शैली का हिस्सा है। कीटनाशक रसायनों व उर्वरकों के असंतुलित उपयोग से पर्यावरण प्रदूषण व भूमि की उर्वरा शक्ति का ह्रास हो रहा है, साथ ही फल, सब्जी व अनाज की गुणवत्ता में भी गिरावट आ रही है इसलिए जैविक खेती वर्तमान समय की आवश्यकता है। जैविक खेती में खेती की लागत कम करने तथा फार्म के उत्पादों के पुर्नचक्रण के लिए खेत या फार्म पर ही जैविक आदानों का उत्पादन करना लाभप्रद रहता है। जैविक खादों के अलावा पौध आधारित उत्पाद मुख्य है जिनका उपयोग पौध व्याधि, कीट नियंत्रण तथा पौध वृद्धि कारक के रूप में किया जाता है। किसान स्वयं भी जैविक आदानों का उत्पादन कर सकते हैं जिनका उपयोग कर लागत में कमी लाई जा सकती है तथा गुणवतापूर्ण उत्पादन लिया जा सकता है। महत्वपूर्ण जैविक आदानों की निर्माण विधि एवं उपयोग करने की विधियाँ निम्न प्रकार है :

पंचगव्य गाय के पांच उत्पादों (गोबर, गौमूत्र, दूध, दही तथा घी) को सामान्यतया 5:3:2:2:1 के अनुपात में मिलाकर बनाया जाता है। इसका उपयोग करने पर फसल वृद्धि तथा कीट एवं रोगों पर प्रभावकारी असर होता है। पंचगव्य तैयार करने के लिए ताजा गोबर 5 किलो, गौमूत्र 3 लीटर, दूध 2 लीटर, दही 2 लीटर, घी 1 किलो, गुड़ 600 ग्राम, नारियल का पानी 3 लीटर (अगर उपलब्ध हो तो), पके केले 12 नग तथा बेकर्स यीस्ट 100 ग्राम की आवश्यकता होती है।

इसे तैयार करने के लिए गाय का गोबर एवं घी को एक बर्तन/घड़े में डालें 15 मिनिट तक दिन में तीन बार 3 दिन तक हिलायें। चौथे दिन शेष पदार्थों को मिलाते हैं। इन सभी सामग्री को दिन में 2 बार 15 दिन तक चलाते रहते हैं। फिर 500 ग्राम गुड़ या चीनी 3 लीटर पानी में मिलाते हैं। 100 ग्राम बेकर्स यीस्ट और 100 ग्राम गुड़ 2 लीटर गर्म पानी में मिलाते हैं।

30 मिनिट बाद इस घोल को मुख्य घोल में मिलाते हैं। पंचगव्य को दिन में 2 बार हिलाते हैं। पंचगव्य 30 दिन में तैयार हो जाता है। मक्खियों एवं मच्छरों के अण्डों से बचाने के लिए कन्टेनर को मच्छर वाली नेट से ढक देते हैं। इसे 6 माह तक बिना गुणवत्ता परिवर्तित हुए रखा जा सकता है। अधिकतर फसलों में 3 प्रतिशत पंचगव्य प्रभावकारी है। पंचगव्य घोल को सिंचाई के रूप में 20 लीटर/एकड़ की दर से प्रयोग करें। नर्सरी बेड का 3 प्रतिशत पंचगव्य घोल से ड्रेंचिग करते हैं या पौधों को 3 प्रतिशत घोल में 30 मिनट तक डुबोते हैं।

मटका खाद 15 कि.ग्रा. ताजा गोबर, देशी गाय का 15 लीटर गोमूत्र तथा 15 लीटर पानी मिट्टी के घड़े में घोल लें। इसमें 250 ग्राम गुड़ मिला दें। मिट्टी के बर्तन को कपड़ा या टाट व मिट्टी से पैक कर दें। 8 दिन बाद इस घोल में 200 लीटर पानी मिलाकर 1 एकड़ खेत में समान रूप से छिड़कें। यह छिड़काव बुवाई के 15 दिन बाद करें। पुनः 7 दिन बाद दूसरा छिड़काव करें। सामान्य फसल में 3 से 4 बार और लम्बी अवधि की फसल में 8–9 बार छिड़काव करें।

गौ–मूत्र एक लीटर गौमूत्र 20 ली. पानी में मिलाकर पर्णीय छिड़काव से अनेक रोगाणुओं तथा कीटों के प्रबधंन के साथ–साथ फसल वृद्धि नियामक का कार्य भी होता है

सड़ा हुआ छाछ पानी छाछ को 5–7 दिन के लिए घड़े में रखकर छोड़ दिया जाता है। सात दिन बाद इसका निथरा हुआ द्रव्य निकाल कर उपयोग में लिया जाता है।

नीम पत्ती घोल 5 कि.ग्रा. नीम पत्ती को कुचल लें। इसमें 5 लीटर गौ–मूत्र तथा 2 कि.ग्रा. गाय का गोबर मिलायें तथा दो दिनों तक सड़ने दें। थोड़े–थोड़े अंतराल से हिलायें तथा सत को निचोड़ कर छानें तथा 100 लीटर पानी में मिलाकर छिड़काव करें। एक एकड़ क्षेत्र में पर्णीय छिडक़ाव करें। इससे चूसने वाले कीटों तथा मिली बग का नियंत्रण किया जा सकता है।

तीखा सत 500 ग्राम हरी तीखी मिर्च, 500 ग्राम लहसुन, 1 कि.ग्रा. धतूरा पत्ती, 500 ग्राम नीम पत्ती को 10 ली. गौ–मूत्र में कुचलें। इसे तब तक उबालें जब तक कि यह घटकर आधा न रह जाये। सत को निचोड़ कर छानें। शीशे या प्लास्टिक बोतलों में भडांरित करें। 2–3 लीटर सत् में 100

लीटर पानी मिलायें। यह एक एकड़ छिड़काव हेतु पर्याप्त है। इसके प्रयोग से पत्ती लपेट कीट, तना, फल तथा फली छेदक के नियत्रंण में लाभकारी है।

जीवामृत 10 कि.ग्रा. गाय का गोबर, 10 लीटर गौ–मूत्र, 2 कि.ग्रा. गुड़, 1 कि.ग्रा. चने या उड़द की दाल का आटा, 1 कि.ग्रा. जीवंत मृदा को 200 लीटर पानी में मिलाकर 7 दिनों तक सड़ने दें। नियमित रूप से दिन में 3 बार मिश्रण को हिलाते रहें। एक एकड़ क्षेत्र में सिचांई जल के साथ प्रयोग करें। भूमि की उर्वरा शक्ति बढ़ाने तथा पौध वृद्धि बढ़ाने में उपयोग किया जाता है।

तीन घोल जैव–कीटनाशी :–

मिश्रण–1 3 कि.ग्रा. पीसी हुई नीम की पत्तियाँ तथा 1 कि.ग्रा. निम्बोली के पाउडर को 10 लीटर गौमूत्र को एक ताम्र घट (15 लीटर क्षमता का) में मिलाकर उबालें जब तक इसकी मात्रा आधी न रह जाये। इसके बाद इस घोल को 10 दिनों तक सड़ने दें।

मिश्रण–2 500 ग्राम पीसी हुई हरी मिर्च को 1 लीटर पानी में रातभर भिगोकर रखें।

मिश्रण–3 250 ग्राम पीसा हुआ लहसुन को 1 लीटर पानी में मिलाकर रातभर के लिए रखें। तीनों मिश्रण को 200 लीटर पानी में मिलाकर एक एकड़ क्षेत्र में छिड़काव करें।

फफूंदनाशी 5 लीटर गाय के दूध में 200 ग्राम काली मिर्च का पाउडर मिलायें तथा अच्छी तरह घोल कर छान लें। छने हुए घोल को 200 लीटर पानी में मिलाकर स्प्रे करें।

*****

[7]

जैव-उर्वरक प्रौद्योगिकी से फसल उत्पादन में वृद्धि एवं उद्यमिता विकास

जैव–उर्वरकः–

जैव–उर्वरक विशिष्ट प्रकार के सूक्ष्म जीवाणुओं का एक विशेष प्रकार के माध्यम, लिग्नाइट, चारकोल अथवा कोयले के चूरे का ऐसा मिश्रण है जो वायुमण्डलीय नत्रजन को स्थिरीकरण द्वारा पौधों को उपलब्ध कराते हैं या मृदा में उपलब्ध अधुलनशील फॉस्फोरस को धुलनशील अवस्था में परिवर्तित करके पौधों को उपलब्ध कराते हैं।

जैव–उर्वरकों के प्रकारः–

जैव–उर्वरक मुख्यतयः दो प्रकार के होते हैं : नाइट्रोजनी जैव–उर्वरक एवं फॉस्फोटी जैव–उर्वरक। नाइट्रोजनी जैव–उर्वरक वातावरण में उपस्थित नत्रजन; 78 का स्थिरीकरण द्वारा पौधों को नाइट्रोजन उपलब्ध कराते हैं जैसे राईज़ोबियम, एजोटोबैक्टर, एजोस्पाईरिलम आदि जबकि फॉस्फोटी जैव–उर्वरक मृदा में अघुलनशील फॉस्फोरस को घुलनशील बनाकर पौधों को फॉस्फोरस उपलब्ध कराते हैं जैसे बैसिलस, सूडोमोनास, एसपर्जिलस आवामोरी आदि।

प्रमुख जैव–उर्वरकः–

राईजोबियमः– राइजोबियम कल्चर सबसे अधिक उपयोग होने वाला जैविक उर्वरक है। यह केवल दलहनी फसलों में ही प्रयोग किया जा सकता है तथा यह फसल विशिष्ट होता है अर्थात् पृथक फसल के लिए पृथक – पृथक प्रकार का राईजोबियम कल्चर प्रयोग किया जाता है। राईजोबियम कल्चर से बीज उपचार करने पर ये जीवाणु बीज के ऊपरी आवरण पर चिपक जाते हैं। बीज अंकुरण पर ये जीवाणु जड़ में मूल रोम के सहारे प्रवेश कर विभिन्न आकार–प्रकार व गुलाबी रंग की ग्रन्थियों का निर्माण करते हैं।

ये ग्रन्थियाँ नाइट्रोजन स्थिरीकरण इकाइयाँ होती हैं और पौघों की बढ़वार इनकी संख्या पर निर्भर करती है। ये जीवाणु वायुमण्डल से नाइट्रोजन ग्रहण कर दलहनी फसलों को देते हैं। ये जीवाणु 50 किलो से 135 किलो नाइट्रोजन प्रति हैक्टेयर मृदा में एकत्रित कर सकते हैं। यह नाइट्रोजन दलहनी फसलों द्वारा ली जाती है जिससे उत्पादन में वृद्धि होती है और लगभग 45 से 75 किलो नत्रजन प्रति हैक्टेयर भूमि में बच जाती है जो दूसरी फसलों के काम आती है। प्रत्येक दलहनी फसल के लिए एक विशिष्ट प्रकार के जीवाणु उर्वरक का प्रयोग किया जाता है जैसे बरसीम के लिये राईजोबियम टाइफोलाई, रिजका, मेथी, सैंजी के लिये राईजोबियम मेलिलोटी, मटर, मसूर के लिये राईजोबियम लेग्यूमिनोसेरम, राजमा, सेम, मोठ के लिये राईजोबियम फेजियोलाई, सोयाबीन के लिये राईजोबियम जापोनिकम तथा लोबिया, मूंग, उड़द, चना, अरहर, मूंगफली के लिये राइजोबियम (ब्राडिराइजोबियम) का प्रयोग किया जाता है।

एजोटोबैक्टर:– यह जीवाणु खाद किसी भी गैर दलहनी फसलों में उपयोग की जा सकती है। फसल या पौधा किसी भी किस्म का होने पर भी ये जीवाणु सभी को लाभ पहुंचाते हैं। एजोटोबैक्टर जीवाणु जमीन और जड़ की सतह पर स्वतन्त्र रूप से रहकर हवा की नत्रजन को ग्रहण कर भूमि में छोड़ते हैं। यह नत्रजन पौधों को उपलब्ध हो जाती है। ये जीवाणु 15 से 20 किलो वायुमण्डलीय नाइट्रोजन प्रति हैक्टेयर भूमि में एकत्रित कर सकते हैं। इनके उपयोग से फसलों की पैदावार में 15 से 20 प्रतिशत तक वृद्धि होती है।

एजोस्पाईरिलम :– यह राईजोबियम की तरह ही नाइट्रोजन स्थिरीकरण करने वाला जैव उर्वरक है। ये सूक्ष्म जीवाणु मिट्टी में पौधों की जड़ों के आस–पास तथा जड़ की सतह पर पाये जाते हैं। यह जड़ के विकास को बढ़ाता है और फसल के उत्पादन में वृद्धि करता है। यह 30 से 50 प्रतिशत वायुमण्डलीय नाइट्रोजन को स्थिर करके पौधों को उपलब्ध कराता है।

जैव–उर्वरक उत्पादन तकनीकी :– जैव उर्वरक उत्पादन में सबसे प्रमुख विभेद है। विभेद किसी भी विश्वसनीय संस्था से प्राप्त की जा सकती है अथवा जड़ों की ग्रन्थिओं एवं मृदा से इनका पृथक्करण किया जा सकता है। सामान्यतया राईजोबियम का पृथक्करण जड़ों की ग्रन्थिओं से, एजोटोबैक्टर एवं फॉस्फोरस विलेयकारी जीवाणुओं का पृथककरण मृदा से

किया जाता है। इन जीवाणुओं को पृथक्करण के बाद इनको उचित माध्यम तथा अनुकूल तापमान पर रखते हैं। इस प्रकार पृथक किये गये विभेदों को रेखा प्लेट विधि या एक जीवाणु पृथक्करण विधि द्वारा शुद्ध किया जाता है एवं रेफ्रिजरेटर या अन्य उचित तरीकों द्वारा परिरक्षित किया जाता है। पृथक की गई विभेदों की पहचान के लिये परीक्षण किया जाता है, उत्पादन में विभेदों को काम में लिया जाता है। इस प्रकार प्रभावशाली विभेद का चयन करके व्यापारिक स्तर पर इनका उपयोग जैव –उर्वरक बनाने के लिये किया जाता है। सर्वप्रथम जनक विभेद से यूश संवर्ध तैयार किया जाता है। इस यूश संवर्ध से अन्य फ्लास्कों या किण्वन उपक्रम में निवेश करके 28 डिग्री सैल्सियस तापमान पर रखा जाता है जब तक कि यूश में 8 9 बैक्टीरिया की संख्या 10 से 10 प्रति मि.ली. नहीं हो जाती। तत्पश्चात् निवेश द्रव्य को वाहक जैसे लिग्नाइट पाउडर में उपयुक्त अनुपात के साथ मिलाया जाता है ताकि मिश्रण में आवश्यक नमी एवं बैक्टीरिया संख्या हो। तत्पश्चात् मिश्रण को 24 घण्टों के लिये संसाधन के लिये रखा जाता है। संसाधित मिश्रण (जैव –उर्वरक) को 200 ग्राम प्रति पैकेट के हिसाब से पोलीथिन थैलियों में भरकर बन्द कर दिया जाता है।

1. गुणवत्ता युक्त जैव उर्वरक उत्पादन वर्तमान में जैव उर्वरकों के प्रति किसानों की स्वीकार्यता कम है इसके पीछे कई कारण हैं, जिनमें सबसे प्रमुख कारण उच्च गुणवत्ता युक्त जैव उर्वरकों की अनुपलब्धता। इसके लिये अच्छी समझ रखने वाले व्यक्ति को किसी भी कृषि विश्वविद्यालय, भारतीय कृषि अनुसंधान परिषद, नई दिल्ली, राष्ट्रीय जैविक खेती केन्द्र से प्रशिक्षण प्राप्त कर उच्च गुणवत्ता युक्त जैव उर्वरकों का उत्पादन कर किसानों को सप्लाई किया जा सकता है।

2. जैव उर्वरक गुणवत्ता परीक्षण केन्द्र भारतीय कृषि अनुसंधान परिषद, नई दिल्ली या राष्ट्रीय जैविक खेती केन्द्र से जैव उर्वरक गुणवत्ता परीक्षण पर प्रशिक्षण प्राप्त कर जैव उर्वरक गुणवत्ता परीक्षण केन्द्र स्थापित किया जा सकता है। इच्छुक एवं निपुण व्यक्तियों के लिये यह नया एवं अच्छा व्यवसाय हो सकता है।

*****

[8]

फल एवं सब्जियों को सूखाकर परिरक्षण करें

फल एवं सब्जियों का उत्पादन (बहुलता) एक विशेष मौसम में ही अधिक होता है तथा उस समय ये काफी सस्ते और प्रचुर मात्रा में उपलब्ध होते हैं। भारत में ऐसा अनुमान है कि 25–30 प्रतिशत फल–तरकारियाँ तुड़ाई के पश्चात् उपभोक्ता तक पहुँचने से पहले ही सड़–गल कर नष्ट हो जाती हैं। विदेशों में उत्पादित फल तरकारियों का 40–70 प्रतिशत भिन्न–भिन्न परिरक्षण उत्पादन के लिए काम में लिए जाते हैं जबकि भारत में 0.72 प्रतिशत ही है जो कि सोचनीय है। यदि तुड़ाई के समय से ही इनका परिरक्षण किया जाए तो प्रत्येक वर्ष काफी मात्रा में फल एवं सब्जियों को नष्ट होने से बचाया जा सकता है। परिरक्षण के निम्नलिखित लाभ हैं :–

इसके द्वारा फल एवं सब्जियों की उपलब्धता को वर्ष भर तक विभिन्न स्थानों पर बनाये रखा जा सकता है और बेमौसम इनके स्वादिष्ट स्वाद का जायका लिया जा सकता है।

परिरक्षण द्वारा फल एवं सब्जियों को उनकी बहुलता के समय संग्रहित कर उनका कमी के समय उपयोग किया जा सकता है।

परिरक्षित सब्जियों को कम स्थान में रखा जा सकता है और उन्हें कम खर्च में एक स्थान से दूसरे स्थान पर भेजा जा सकता है।

इससे स्वरोजगार के अवसर प्राप्त होंगे तथा साथ ही कच्चे माल के परिवहन में होने वाले खर्च से भी बचा जा सकेगा।

मूल्यों के निर्धारण में भी मदद मिल सकती है।

फल एवं सब्जियों के खराब होने के कारणः–

फल एवं सब्जियों के खराब होने के अनेक कारण हैं। अधिकत्तर फल एवं सब्जियाँ सड़ कर खराब हो जाती हैं। ज्यादात्तर फल एवं सब्जियां अधिक पकने के कारण सड़ने लगती हैं। इनको सड़ाने में सूक्ष्म जीव अधिक कारक

सिद्ध हुए हैं जिन्हें निम्नलिखित तीन श्रेणियों में विभाजित किया जा सकता है:–

कवकः–

इन्हें फफूँदी के नाम से भी जाना जाता है। इनका फल एवं सब्जियों को सड़ाने में प्रमुख हाथ होता है। ये काले, नीले और भूरे रंग के होते हैं। इनके बीजाणु अचार, मुरब्बा, सूखे फल, टमाटर केचप आदि पर उगते हैं। ये नमी युक्त खाद्य–पदार्थों को ज्यादा नुकसान पहुँचाते हैं।

खमीरः–

इन्हें अपने विकास एवं वृद्धि के लिए काफी नमी की आवश्यकता होती है। ये ताप के प्रति अत्यधिक सुग्राही होते हैं और प्रायः 60.8 डिग्री फॉरनहाइट से अधिक तापमार पर जीवित नहीं रह पाते। खमीर के कुछ विशेष वर्ग फल रसों को मदिरा में तथा मदिरा को सिरके में बदलने की क्षमता रखते हैं। इसी प्रकार कुछ आभासी खमीर भी पाये जाते हैं जो फल रसों को मानवपयोगी बनाने के बजाय उन्हें खराब कर देते हैं। इन दोनों वर्ग के खमीरों को पास्तुरीकरण द्वारा या रसायनिक परिरक्षकों द्वारा निष्क्रिय किया जा सकता है।

जीवाणुः–

अनेक प्रकार के जीवाणु हमारे स्वास्थ्य के लिए हानिकारक होते हैं जो कवक या खमीर की भांति सब्जियों और फलों को सड़ाते हैं। ये ऑक्सीजन की उपस्थिति या अनुपस्थिति दोनों में ही पनप सकते हैं किन्तु इनके वृद्धि एवं कोशिका गुणन के लिए पर्याप्त मात्रा में नमी का होना अत्यन्त आवश्यक है।

परिरक्षण के सिद्धान्तः–

फल एवं सब्जियों में तुड़ाई के उपरान्त भी श्वसन एवं उपापचय जैसी क्रियाओं को चलते रहने से ये जल्दी खराब हो जाते हैं। इसके अलावा सूक्ष्म जीवियों के प्रवेश के कारण भी फल सब्जियाँ खराब हो सकती हैं। यह खराबी फफूँद, खमीर तथा जीवाणु द्वारा प्रभावित होती है। परिरक्षण के अन्तर्गत फल एवं सब्जियों को खराब करने वाले कारकों की सक्रियता को कम या निष्क्रिय किया जाता है जिससे कि इन्हें खराब होने से बचाया जा

सके। अतः परिरक्षण वह कला है जिसके द्वारा फल एवं सब्जियों को बिना किसी खराबी के एक लम्बी अवधि तक सुरक्षित रखा जा सकता है।

फल एवं सब्जियों का निर्जलीकरण (सुखाना):–

हमारे देश में फल एवं सब्जियाँ सुखाने की प्रथा पुराने समय से चली आ रही है। अदरक, हल्दी, आलू चिप्स, मटर, कद्‌दू, भिण्डी, अमचूर, ग्वार फली, पोदीना, पालक, मैथी, धनिया, फूलगोभी, गाजर, केर, गून्दे, सांगरी इत्यादि ऐसे कई फल एवं सब्जियाँ हैं जो सुखाई जा सकती हैं। सुखाने से सब्जियों में उपस्थित नमी को वाष्पीकरण द्वारा दूर किया जाता है। इसके कारण फल एवं सब्जियों में विद्यमान सूक्ष्म जीव और किण्वन जल के अभाव में निष्क्रिय हो जाते हैं और वे परिरक्षित हो जाते हैं। फल एवं सब्जियों के सुखाने के लिये उसमें पायी जाने वाली किण्वक प्रणाली को निष्क्रिय किया जाना आवश्यक है। इसके लिये उनको भाप से उपचार कर या उबलते पानी में डाला जाता है। सूखे फल एवं सब्जियों को संचयन करने के लिये उसमें 4 प्रतिशत से कम नमी होनी आवश्यक है। सूखाने के बाद फल एवं सब्जियों को वायुरूद्ध अवस्था में पैक करके रखना चाहिये अन्यथा 4 प्रतिशत से कम जलांश होते हुये भी फल एवं सब्जियाँ खराब होने की संभावना रहती है।

फल एवं सब्जियों को सूखाने की विधिः–

चयन :–

स्वस्थ, ताजे फल एवं सब्जियों का चुनाव करें।

फलों व सब्जियों को तैयार करना :–

चुने हुए फल एवं सब्जियों को स्वच्छ पानी में धोकर साफ कर लेते है तथा उपयुक्त आकार के टुकड़ों में काट लेते हैं।

विवर्णीकरण :–

इसके अन्तर्गत कटी हई सब्जियों को गर्म पानी में करीब 3–5 मिनट तक हल्का उबालकर मुलायम बना लेते हैं। सब्जियों के हरे स्वभाविक रंग को बनाये रखने के लिए जिस जल में उबालने के बाद सब्जियों को ठंडा करते है उसमें 0.5 प्रतिशत पोटेशियम मेटाबाई सल्फाइट डाल सकते हैं।

सुखाना :–

विवर्णीकरण के बाद सब्जियों को निर्जलीकरण यंत्र की जालियों पर एक निश्चित ताप तथा समय के लिए रखकर सूखने हेतु छोड़ देते हैं।

संग्रहण :–

सूखने के बाद फल एवं सब्जियों को सूखे बर्तन में बंद कर नमी रहित स्थान पर संग्रहित कर देते हैं।

हरा मटरः–

थोड़ा नर्म मटर ही सूखने के लिये चुनना चाहिये। मटरों को एकत्र करने के तुरन्त बाद निर्जलीकरण करना चाहिये क्योंकि मीठे मटरों की अधिकांश शर्करा 24 घण्टे के अन्दर स्टार्च (माण्ड) में बदल जाती है। इसलिये जितना सुखाने में देर करेंगे उतनी ही मटर की मिठास कम हो जायेगी। फली में से मटर निकालकर, श्रेणीकरण, विवर्णीकरण के पश्चात् ट्रे में एकसमान फैला दें, इसके बाद धूप या सौर शुष्कक में सुखायें। इस प्रकार 20–30 प्रतिशत शुष्क पदार्थ प्राप्त होता है।

बैंगनः–

सुखाने के लिए पूर्ण विकसित नर्म बैंगनों की आवश्यकता होती है, चाहे बैंगन बैंगनिया रंग के हो या हरे या सफेद। इन्हें साफ पानी से धोकर डण्ठल अलग करके 5–6 मि.मी. मोटाई में गोलाकार या लम्बाई में कतर लेते हैं। कतरते समय बैंगन काले हो जाते हैं इसको रोकने के लिए 0.5 प्रतिशत पोटेशियम मेटाबाइसल्फेट के घोल में कतरन को डालते रहें। इस घोल में कतरे हुए टुकड़ों को 10 मिनट तक रखते हैं। 0 इन टुकड़ों को गर्म पानी में 3–4 मिनट तक विवर्णीकरण करते हैं। सुखाने के समय 50 से 60 से॰ से अधिक तापमान न होने पाये। इस प्रकार ये 8–9 घण्टे में सूख जाते हैं।

पालकः–

हरी पत्तियों को साफ पानी में पूर्णतया धो लेना चाहिये ताकि धूल एवं मिट्‌टी के कण साफ हो जायें। इसके बाद पत्तियों के तना एवं क्षतिग्रस्त पत्तियों को अलग कर लेना क्योंकि क्षतिग्रस्त पत्तियों से विटामिनों की हानि हो जाती है। काटने के बाद पत्तियों को एक बार पुनः धोया जाना चाहिये। कटाई से पालक में लगभग 45 से 65 प्रतिशत तक हानि होती है। इसके

बाद पालक को विवर्णीकरण किया जाता है जिसमें पालक को उबलते पानी या भाप में 2 मिनट तक रखते है अथवा उसके पत्तियों की नसें न दिखने लगे तब तक उसको भाप देते हैं। विवर्णीकरण की प्रक्रिया हेतु पतले तार वाली छलनी या ट्रे प्रयोग में लाते हैं। पालक के निर्जलीकरण के लिये शुष्कक प्रयोग में लाते हैं। इसको 4 प्रतिशत की नमी तक सूखाते हैं। इसका उत्पादन कुल पालक का 3.5 से लेकर 6.5 प्रतिशत तक होता है।

भिण्डी:–

भिण्डी सुखाने के लिये स्वस्थ व कीट बाधा रहित भिण्डियों का चुनाव करना चाहिये। छोटे आकार की भिण्डियों को बिना काटे ही सुखाते हैं, परन्तु डण्ठल व सिरे अलग कर लेते हैं। बड़े आकार की भिण्डियों के डण्ठल इत्यादि अलग करके 5 से 7 से॰मी॰ लम्बाई में टुकड़े काट लेते हैं। काटते समय ध्यान रहे कि भिण्डी का बीज बाहर से नजर न आए। अब इन टुकड़ों को उबलते पानी या भाप से 8 से 10 मिनट तक विवर्णीकरण करें व 0.1 प्रतिशत पोटेशियम मेटाबाई सल्फेट घोल में 10 मिनट रखने के बाद पानी निसारकर 0 सुखा देंवे। इन टुकड़ों को 60 से॰ तापमान पर सूखाया जाता है, धूप में भी सूखाया जा सकता है।

फूलगोभी:–

फूलगोभी सुखाने के लिये ताजी कीटरहित गोभी काम में लेनी चाहिये। सबसे पहले ठण्डल व बाहरी पत्ते अलग कर 10 से॰मी॰ मोटे टुकड़ों में काट लेना चाहिये। इन टुकड़ों को साफ पानी से धोकर 5 से 6 मिनट उबलते पानी या वाष्प से विवर्णीकरण करें। इसके बाद 0.1 प्रतिशत पोटेशियम मेटाबाई सल्फेट के घोल में 10 से 12 मिनट तक डूबोकर रखना चाहिये। तत्पश्चात् टुकड़ों को पानी से निकालकर धूप या सौर 0 शुष्कक में 50 से॰ तापमान पर सुखाया जाता है।

पत्तागोभी:–

पत्तागोभी की ऊपर की सूखी एवं खराब पत्तियाँ काट–छांट करके उसको साफ पानी में धो लेते हैं। बाहर की मात्र एक या दो पतित्यों को ही हटाते हैं अन्यथा उसके पोषक तत्व कम होने की सम्भावना रहती है। इसके बाद छिले हुये पत्तागोभी को 5–6 मि.मी. की चौड़ाई में काट लेते हैं। कटे हुए पत्तों को एक घण्टे से अधिक नहीं रखें और उसका विवर्णीकरण करलें।

उबलते पानी या भाप में 1 से 2 मिनट तक विवर्णीकरण करते हैं। इसके बाद 0.1 प्रतिशत सोडियम सल्फाईट एवं 0.1 प्रतिशत सोडियम बाइसल्फाईट के घोल में 10–12 मिनट तक डुबोकर रख देते हैं। उसके बाद उसे छेद वाली ट्रे में रख कर शुष्कक में सुखाते हैं। जब तक कि इसमें नमी की मात्रा 7 प्रतिशत न हो जाये। सूखे उत्पाद की मात्रा लगभग 4 से 6 प्रतिशत बैठती है।

प्याजः–

प्याज के कंद का ऊपर का छिलका हटाकर एवं उसके दोनों सिरों को स्टील चाकू से काट देते हैं ताकि उसकी जड़ें एवं सूखी पत्तियाँ साफ हो जाये। इसके बाद 3 से 6 मि.मी. के टुकड़े काट लेते हैं। प्याज के कंदों के टुकड़े बनाते समय किसी खुली जगह देखनी चाहिये ताकि काटने वाले को किसी तरह की परेशानी न हो। इसमें छिलाई एवं छटाई हानि लगभग 3 से 10 प्रतिशत होती है। इसके बाद कटे हुये कन्द 0 के टुकड़ों को शुष्कक में सूखने के लिये रखते हैं जिसका तापमान 60–70 से॰ होता है। इसको 4–5 प्रतिशत की नमी तक सुखाते है। सूखे प्याज की मात्रा लगभग 11 प्रतिशत तक बैठती है।

*****

[9]

पॉलीटनल में सब्जी पौध तैयार करने की तकनीक

भारत की जलवायु की विविधता, घरेलू एवं अन्तर्राष्ट्रीय बाजारों में सब्जियों की बढ़ती मांग, वर्ष भर सब्जी उत्पादन के लिये ठोस आधार प्रदान करती है। यदि किसान उन्नशील प्रजाति अथवा हाइब्रिड का चयन करें समय पर बुआई/रोपाई करें तो सब्जी की वर्तमान औसत उत्पादकता को दो गुना तक बढ़ाया जा सकता है।

देश में व्यावसायिक सब्जी उत्पादन को बढ़ावा देने में सब्जियों की स्वस्थ पौध उत्पादन एक महत्वपूर्ण विषय है। जिस पर आमतौर से किसान कम ध्यान देते है। एक अनुमान के अनुसार पौधशाला में सब्जी पौधों की औसतन क्षति 20–27 प्रतिशत होती है लेकिन कई बार यह क्षति 70–85 प्रतिशत तक हो जाती है। राजस्थान के विभिन्न सब्जी उत्पादक क्षेत्रों के सर्वेक्षणों से ज्ञात होता है कि अभी भी 60–70 प्रतिशत किसान सब्जियों की पौध खुले वातावरण में उगाते है। सब्जियों की पौध खुले वातावरण में उगाने से कई प्रकार की समस्यायें आती है इन समस्याओं में बीज का जमाव कम होना, जमाव उपरान्त पौधों की समुचित विकास में कमी, पौध तैयार होने में अधिक समय का लगना इत्यादि प्रमुख है।

पॉलीटनल तकनीक क्या हैः–

पॉलीटनल तकनीक सब्जी पौध उगाने की सबसे सस्ती, कारगर एवं व्यावहारिक तकनीक है। इस तकनीक से पौध उगाने पर बीज का जमाव समुचित ढंग से होता है। जमाव के उपरान्त पौधों का विकास बेहतर होता है तथा पौधों के कठोरीकरण (हार्डनिंग) में सहायता मिलती है। पॉलीटनल तकनीक से पौध उगाकर खेत में रोपाई करने से पौधों की मृत्युदर नहीं के बराबर होती है। इस तकनीक का सबसे बड़ा लाभ यह है कि विपरीत मौसम में (अधिक गर्मी, व ठंड के समय) भी सही पौध सफलतापूर्वक तैयार की जा सकती है , जबकि खुले वातावरण में अधिक ठंड के समय पौध लगाना

असम्भव होता है क्योंकि लगातार ठंड एवं गर्मी कारण बीज का जमाव बहुत कम होता है।

पॉलीहाउस में सब्जी उत्पादनः–

ये आधा इंच मोटाई के जंगरोधी पाइपों को अर्ध्द गोलाकार आकार में मोड़कर तथा इन्हें सरिया के टुकड़ों के सहारे खेत में खड़ा करके उनके ऊपर प्लास्टिक ढक कर बनाई गई अस्थाई संरक्षित संरचनायें है। इनकी मध्य में ऊँचाई लगभग 6 या 6.6 फुट तथा जमीन पर एक सिरे से दूसरे सिर तक चौड़ाई 4.1 मीटर तक होती है। इस प्रकार संरक्षित की संरचनाओं को सर्दी के मौसम में बेमौसम सब्जी जैसे बैंगन, लौकी, खरबूजा, तरबूज, खीरा, चप्पन कद्दू व अन्य कद्दू वर्गीय सब्जियां उगाने के लिए उपयोग में लिया जाता है। इस प्रकार की संरक्षित संरचना के दिन के समय जब सूर्य की रोशनी प्लास्टिक पर पड़ती है तो टनल के अन्दर का तापमान काफी (लगभग 10–12 डिग्री से0 तक) बढ़ जाता है जिससे सब्जियों को कम तापमान के दिनों में भी बढ़वार करने में काफी सफलता मिलती है।

सस्य क्रियायें:–

नर्सरी के लिए प्रायः 85–100 सेमी चौड़ी, 10–15 सेमी ऊँची आवश्यकतानुसार लम्बाई वाली क्यारिया बनाते है। इसमें कंकड़, घास, पुराने पौधे के अवषेषों इत्यादि को निकाल देना चाहिए। भूमि की तैयारी के समय 3–5 किग्रा की दर से गोबर की सड़ी खाद या 500 ग्राम केंचुए की खाद तथा 100 ग्राम एनपीके का मिश्रण प्रति वर्ग मीटर के हिसाब से क्यारियों में मिला देना चाहिए। समान व अच्छे अंकुरण के लिए सामान्यतः दो भाग मिट्टी के साथ एक भाग महीन बालू तथा एक भाग गोबर की सड़ी खाद मिलाकर भूमि तैयार करनी चाहिए। प्रत्येक क्यारियों के बीच में 30 सेमी चौड़ी तथा 15–20 सेमी गहरी नालियां भी बनाते है जिससे सिंचाई एवं जल निकास किया जा सके।

पौधशाला भूमि का उपचारः–

रासायनिक विधि से भूमि का उपचार करने के लिए कैप्टान नामक फफूंदनाशक सबसे अच्छा होता है इसका 2.5 ग्राम ध्लीटर पानी में घोल बनाकर भूमि शोधन किया जाता है। प्रति वर्ग मीटर क्षेत्रफल में 5–6 लीटर

पानी में 2.5 ग्राम दवा घोलकर भूमि को अच्छी तरह तर कर देते है और दूसरे–तीसरे दिन बाद बीज की बुआई कर देते है।

कीटों एवं रोगों की रोकथामः–

पौधगलन बीमारी, पीथियम, राइजोक्टोनिया या फ्यूजेरियम से फैलती है। इसके बचाव के लिए कैप्टान दवा का 2.5 ग्राम प्रति लीटर पानी के हिसाब से छिड़काव करते है। नर्सरी में पत्ती खाने वाले कीड़े लगते हैं इसके लिए क्लोरोपाइरीफासध्क्यूनॉलफास 2 मिलीध्लीटर पानी के हिसाब से घोल बनाकर छिड़काव करते है यदि पत्ती के रस चूसने वाले कीटों का प्रकोप हो तो मेटालिस टॉक्स एक मिलीध्लीटर पानी में घोल बनाकर छिड़काव करना चाहिए।

पॉलीटनल तकनीक से लाभः–

- पॉलीटनल तकनीक से वर्ष के किसी भी मौसम में चाहे अधिक गर्मी एवं ठंड हो उस समय भी सब्जियों की पौध सफलतापूर्वक तैयार की जा सकती है ।

- इस विधि से पौधे तैयार करने पर बीज का जमाव लगभग शत्–प्रतिषत होता है जमाव के बाद पौधों का विकास समुचित ढंग से होता है ऐसा इसलिए होता है क्योंकि पॉलीटनल के अन्दर का तापमान बीज के जमाव एवं पौधों के बढवार के लिए आदर्श होता है।

- पॉलीटनल में पौध उगाने से बीज जमाव के बाद दिन में धूप के समय पॉलीथीन को हटा देते हैं, जिससे पौधों का धूप के सम्पर्क में आने से उनका कठोरीकरण (हार्डनिंग) होता है ऐसे पौधों को खेत में रोपाई करने से उनकी मृत्यु दर नहीं के बराबर होती है।

- बीज का जमाव शीघ्र होने और पौधों का समुचित बढवार से पौध तेयार करने में समय कम लगता है।

- पॉलीटनल तकनीक से पौध उगाने पर कीटों व बीमारियों का प्रकोप भी अपेक्षाकृत कम होता है।

*****

[10]

सब्जियों की खेती में कीट प्रबन्धन

भारत अब चीन के बाद दूसरा सबसे बड़ा सब्जी उत्पादक देश बन गया है। अधिक उत्पादन वाली संकर व मुक्त परागित प्रजातियों के साथ–साथ अच्छी सस्य तकनीकी व अन्य उपज कारकों के सघन उपयोग से सब्जियों में हानिकारक कीटों के व्यवहार में परिवर्तन आया है जिससे रासायनिक दवाओं का प्रयोग बढ़ गया है। भारतवर्ष में कुल कीटनाशी रसायनों की लगभग 13 से 14 प्रतिशत मात्रा कुल कृषि योग्य भूमि के मात्र 3.0 प्रतिशत में उगाई जाने वाली सब्जियों में उपयोग किया जाता है। सब्जी में हरी फलियों एवं फलों की कम अन्तराल पर तुड़ाई की जाती है जिससे सब्जियों में कीटनाशी रसायनों के अवशेष रहने की सम्भावना बढ़ जाती है। सधन सस्य एवं रसायन आधारित नाशीजीव प्रबन्धन से कीटों पर प्रतिकूल प्रभाव पड़ा है जिसमें कीटनाशी रसायनों के प्रति अवरोधिता का विकसित होना एवं फसलों को क्षति पहुँचाना मुख्य है। मौजूदा परिस्थितियों में रसायनिक कीटनाशियों के अत्यधिक एवं गलत प्रयोग से कृषि पर प्रतिकूल असर पड़ा है। तुड़ाई के बाद सब्जियों में रसायनों के अवशेष अधिक मात्रा में पाए जाने से मनुष्य के स्वास्थ्य पर बुरा प्रभाव पड़ता है। अतः एकीकृत प्रबन्धन का उपयोग सब्जियों में अति आवश्यक है। एकीकृत कीट प्रबन्धन में विभिन्न नियंत्रण विधियों का समुचित समावेश किया जाता है जो प्रभावी, लाभदायक, वातावरण एवं मित्र कीटों के लिए सुरक्षित हों।

भिण्डी:–

तना एवं फल छेदक कीट:–

बरसात वाली फसल इस कीट से ज्यादा प्रभावित होती है। वयस्कसूड़ी फल में सुराख बनाकर बाहर निकलती है। सूड़ियाँ तना के अग्र भाग एवं फलों में छेद करती है। तने मुरझा जाते हैं जबकि ग्रसित फल सही आकार नहीं ले पाता है और टेढ़ा हो जाता है। सूँड़ी का रंग भूरा सफेद होता

है जिनके ऊपर काले और भूरे धब्बे पाए जाते हैं, जमीन या पौधों के ऊपर प्यूपा बनते हैं जो मटमैले सफेद ककून से ढँके रहते हैं।

प्रबन्धनः—

नीम की गिरी का सत् (4 प्रतिशत) का घोल फूल लगने के बाद 10 दिनों के अन्तराल पर छिड़काव करने से समुचित नियंत्रण हो जाता है।

फूल लगते समय साप्ताहिक अन्तराल पर ट्राइकोग्राम परजीवित 50,000 अण्डा/हे. खेत में 3–4 बार छोड़ने से फल वेधक कीट का प्रकोप कम पाया जाता है। साईपरमेथ्रिन (0.005 प्रतिशत) का छिड़काव करने से इस कीट का नियंत्रण सम्भव है।

हरा फुदकाः—

हरा फुदका भिण्डी के अलावा कई अन्य फसलों को हानि पहुँचाता है। यह पत्ती की निचली सतह पर बड़ी संख्या में पाया जाता है। शिशु तथा प्रौढ़ दोनों पत्ती की निचली सतह से रस चूसते हैं और साथ ही एक प्रकार का जहरीला पदार्थ अपने लार के साथ पत्ती के अन्दर छोड़ते हैं जिसके फलस्वरूप पत्ती किनारे से पीली होकर सिकुड़ती हैं तथा प्यालानुमा आकार बनाती हैं तथा धीरे–धीरे पत्ती सूख जाती है। बुआई के 50 दिन के अन्दर इनके प्रकोप से भिण्डी की पैदावार काफी कम हो जाती हैं। एक मादा जैसिड 15 से 30 अण्डे पत्ती की शिराओं के अन्दर देती है। शिशु अवस्थाएँ तथा पूर्ण जीवन चक्र क्रमशः 4–10 एवं 7–21 दिनों का होता हैं।

प्रबन्धनः—

बुआई से पहले बीज को थायोमेथाक्सान का 2.5–3 ग्राम प्रति किलो बीज की दर से उपचारित करने से कीट का प्रकोप 35–40 दिनों तक नहीं होता है। इमिडाक्लोप्रिड (200 एस.एल.) का 0.3 मिली. प्रति लीटर पानी में घोल बनाकर फसल पर छिड़कने से 30 दिन तक इस कीट का प्रकोप नहीं होता है।

लाल माइटः—

गर्मी वाली भिण्डी में यह कीट काफी नुकसान पहुँचाता है। इसके अण्डे सफेद, गोलाकार व्यास के होते हैं। शिशु तथा प्रौढ़ पत्तियों के निचली

सतह पर रस चूसते हैं इनके रस चूसने से पत्तियों की ऊपरी सतह पर पीली चित्तियाँ उभर आती हैं और धीरे–धीरे पत्तियाँ लाल होकर सूख जाती हैं।

प्रबन्धनः–

समय–समय पर पानी की फुहार करने से माइट द्वारा उत्पन्न सिल्कनुमा जाल नष्ट हो जाता है एवं पत्तियों पर इकट्ठी धूल साफ हो जाती है, इससे इनकी संख्या वृद्धि में कमी आती है

डायकोफाल 18.5 ई.सी. का 2.5 मिली या प्रोपरगाइट 3 मिली मात्रा प्रति लीटर पानी में घोल बनाकर छिड़काव करें।

कद्दू वर्गीय सब्जियाँः–

लौकी का लाल कीटः–

वयस्क तेज चमकीले नारंगी रंग का होता हैं तथा इसके सिर, वक्ष एवं उदर का निचला भाग काला होता है। इसकी सूण्ड़ी पीलापन लिए सफेद होती है जो जमीन के अन्दर पायी जाती है। कभी–कभी इस कीट का प्रकोप पौधों में फल लगने के बाद उनकी जड़ों में छेदकर क्षति पहुँचाते है जिससे पूरी की पूरी फसल नष्ट हो जाती है। आमतौर पर इसके प्रौढ़ पौधों की छोटी पत्तियों पर ज्यादा क्षति पहुँचाते हैं। इनका आक्रमण फरवरी माह से लेकर अक्टूबर तक रहता हैं।

प्रबन्धनः–

गर्मी में गहरी जुताई करनी चाहिए जिससे इस कीट के अण्डे एवं भृंग ऊपर आ जायें और तेज गर्मी से मर जाये। शुरू की अवस्था में प्रकोप कम रहने पर वयस्क को हाथ से पकड़कर मार देना चाहिए। बुवाई के समय कार्बोफ्यूरान 3 जी दवा की 25 किग्राप्रति हे. की दर से जमीन में मिला देना चाहिए।

फल मक्खीः–

प्रौढ़ मक्खी का रंग लाल–भूरा होता है। इसके सिर पर काले तथा सफेद धब्बे पाये जाते हैं। मादा मक्खी फल के छिलके में बारीक छेदकर अण्डे देती हैं और अण्डे से सूड़ी (ग्रब्स) निकलकर फलों के अन्दर का भाग खाकर नष्ट कर देते हैं। कीट फल के जिस भाग पर अण्डा देती है वह भाग

वहाँ से टेढ़ा होकर सड़ जाता है। करेला, टिंडा, तोरई, लौकी, खरबूजा, तरबूज, आदि सब्जियों को यह मक्खी क्षति पहुँचाती है।

प्रबन्धनः–

गर्मी में खेत की गहरी जुताई करना चाहिए।

खेत में क्षतिग्रस्त फलों को तोड़कर नष्ट कर देना चाहिए।

20 मिली मैलाथियान 50 ई.सी. या 2 ग्रा. कार्बेरिल 50 डब्ल्यू पी. + 200 ग्राम गुड़ को 20 लीटर पानी में मिलाकर कुछ चुने हुए पौधों (250 पौधे/ हेक्टेयर) पर छिड़काव करना चाहिए जिससे इनके वयस्क आकर्षित होकर आते हैं और मर जाते हैं।

दलहनी सब्जियों के कीटः–

सफेद मक्खीः–

यह पत्तियों की सतह पर 125–150 की संख्या में अण्डे देती है। इस कीट के शिशु एवं प्रौढ़ पौधों की पत्तियों से रस चूसते हैं और विषाणु रोग फैलाते हैं, जिससे पत्तियों में गुड़चापन (पत्ती मोड़) आने लगता है। इसके बाद फूल व फल नहीं लगते हैं।

प्रबन्धनः–

पौधशाला में बुइाई के समय इमिडाक्लोप्रिड 70 डब्लूएस पाउडर (2.5 ग्राम/किलोग्राम बीज) से बीज शोधन करना चाहिए। इस प्रकार 30–35 दिनों तक फसल को मक्खी के प्रकोप से बचाया जा सकता है। पौधशाला में पौध नायलान जाली (40 मेस साइज) के अन्दर तैयार करना चाहिए, जिससे सफेद मक्खी उसके अन्दर न जा सके। खेत के चारों तरफ मक्का, ज्वार और बाजरा किस्में लगाना चाहिए जिससे सफेद मक्खी का संक्रमण न हो सके।

माँहूः–

इस कीट का रंग काला होता है जो पौधे के प्रत्येक कोमल भागों से रस चूसकर क्षति पहुँचाते हैं। फली के अन्दर बीज की क्षति के बाद बीज सिकुड़ कर खराब हो जाता है। यह कीट सेम में मोजैक विषाणु फैलाने में सहायक होते हैं।

नियंत्रणः—

इस कीट के नियंत्रण के लिए डाइक्लोरोवास का छिड़काव उपयोगी है। नीम गिरी के घोल (4 प्रतिशत) किसी चिपकने वाला पदार्थ के साथ मिलाकर छिड़काव करें।

पर्ण सुरंगकः—

मादा कीट पत्तियों के तन्तुओं में रंगहीन अण्डा देती हैं जिससे 2–3 दिनों बाद मैगट निकलकर पत्तियों में टेड़े–मेढ़े सुरंग बनाकर पत्तियों के हरे भागों को खाकर खत्म कर देता हैं इनके प्रकोप से पत्तियाँ मुरझाकर सूख जाती हैं और पौधा सुचारू रूप से फूल और फल नहीं दे पाता है। इस कीट के नियंत्रण के लिए पौधशाला ज्यादा घना नहीं होना चाहिए। कतार में बीज की बुआई करने से हवा का प्रवाह पौधशाला में रहता है एवं सुरंगक का प्रकोप कम होता है

नियंत्रणः—

प्रतिरोधी किस्मों का चुनाव करना चाहिए।

जिस क्षेत्र में इस कीट का ज्यादा प्रकोप होता है वहाँ संकर किस्मों को न लगावें।

नत्रजन का समुचित प्रयोग करना चाहिए अन्यथा ज्यादा प्रयोग से कीट का आक्रमण बढ़ जाता है।

पौध के निचले भाग पर कीड़ों से प्रभावित पुरानी पत्तियों को निकालकर नष्ट कर देना चाहिए।

इसके नियंत्रण के लिए 4 प्रतिशत नीम गिरी चूर्ण का छिड़काव (40 ग्राम नीम गिरी) प्रति लीटर पानी में लाभकारी पाया गया है

लोबिया का फली बेधकः—

यह दलहन वाली सब्जियों को सबसे ज्यादा क्षति पहुँचाने वाला कीट है। इस कीट की मादा एक–एक या समूह में अपने अण्डे को फूल या कालिकाओं पर देती है जो 2–4 दिनों बाद सूँड़ी बनकर बाहर आता है जो शुरू की अवस्था में फूल पर समूह के रूप में होते हैं जो आगे चलकर अलग–अलग फूलों पर फैल जाते हैं और बाद की अवस्था में फलियों पर

जाकर उनके अन्दर छेदकर खाते हैं और विष्ठा भर देते हैं। प्रौढ़ मध्यम आकार के भूरे–काले रंग का होता है।

नियंत्रणः–

क्षतिग्रस्त, पत्तियों और फलियों को पौधों से निकालकर नष्ट कर देना चाहिए।

गोभी वर्गीय सब्जियाँ :–

माँहू

इस कीट का प्रकोप जनवरी व फरवरी में अधिक होता है जिससे पत्तियाँ पीली पड़ जाती हैं। माहूँ अपने शरीर से श्राव करते हैं जिसमें फफूँद का आक्रमण होता है एवं गोभी खाने या बिकने योग्य नहीं रहता है। यह कीट हल्के पीले रंग का होता है। यह कीट हमेशा चूर्णी मोम से ढके रहते हैं जो इनके हरे रंग को छिपाए रखती है।

प्रबन्धनः–

नीम गिरी के घोल (4 प्रतिशत) किसी चिपकने वाला पदार्थ के साथ मिलाकर छिड़काव करें।

जैविक नियंत्रण के लिये परभक्षी क्राइसोपर्ला कार्निया/50,000 प्रथम अवस्था की सुंडी साप्ताहिक अन्तराल पर कीड़े की शुरूआत होने पर दो से तीन बार प्रयोग से कीट का सफलतापूर्वक नियंत्रण किया जा सकता है।

लेडी बर्ड भृंग (काक्सिनेला सेप्टेम्पंक्टाटा) परभक्षी / 30 भृंग प्रति वर्ग मीटर के प्रयोग से इस कीट का नियंत्रण सफलतापूर्वक किया जा सकता है।

हीरक पृष्ठ कीटः–

इस कीट के वयस्क का रंग धूसर होता है। जब यह बैठता है, तो इसकी पीठ पर तीन हीरे की तरह चमकीले चिन्ह दिखाई देते हैं, इसलिए इसको हीरक पृष्ठ कीट के नाम से जाना जाता है। कीट के पिछले पंखों पर लम्बे–लम्बे बालों की धारियाँ पायी जाती है। सूंड़ी का रंग पीलापन लिए हुए होता है। इस कीट का प्रकोप पत्तागोभी की फसल पर सबसे ज्यादा होता हैं। सूंड़ी पत्तियों की निचली सतह पर खाते हैं और छोटे–छोटे छिद्र बना देते हैं।

- कम से कम तीन वर्ष में एक बार गोबर की खाद 10 से 12 टन या वर्मी कम्पोस्ट 5 से 6 टन प्रति हेक्टेयर का प्रयोग अवश्य करें, ताकि भूमि में नमी धारण करने की क्षमता एवं उर्वराशक्ति बनी रहे।
- बुआई से पूर्व बीजोपचार अवश्य करें।
- फसल में तीसरे व चौथे सप्ताह में निराई–गुड़ाई अवश्य करें।
- मिलवा फसलों की स्थिति अनुसार बुआई करें।
- फसल की क्रान्तिक अवस्थाओं पर सिंचाई अवश्य करें।
- फसल में नत्रजन उर्वरकों को टॉप ड्रेसिंग के रूप में दे,

यह प्रक्रिया न अपनाने पर 2 प्रतिशत यूरिया 500 से 600 लीटर पानी में घोलकर खड़ी फसल पर छिड़काव करें।

- परिस्थिति के अनुसार अन्न अथवा चारे के रूप में फसल का चयन।
- समन्वित कीट व व्याधि नियंत्रण तथा प्रबंधन करें।

सामान्य समय पर वर्षा होने पर अपनाई जाने वाली प्रमुख कृषि कार्य योजनाः–

- वर्षा शुरू होने पर खरीफ फसलों जैसे– बाजरा, मक्का, उड़द, मूंग, मोठ, ग्वार की बुआई करें।
- फसल की सिफरिश के अनुसार बीज दर एवं अन्य शस्य क्रियायें अपनाई जायें।
- मिलवा फसल में बाजरा के साथ मूंग अथवा उड़द आदि दलहनी फसलें ले।
- उन्नत अल्पावधि किस्मों की बुआई करें।
- बाजरा फसल में असिंचित परिस्थितियों में उर्वरक सिफारिश के अनुसार बुआई से पूर्व उरकर अवश्य दें।
- सिंचित क्षेत्र में बाजरा, मक्का, धान, कपास, उड़द व अरहर में सभी उन्नत कृषि विधियां सिफारिश अनुसार अपनायें।
- दलहनी फसलों में उर्वरक की पूरी मात्रा बुआई से पूर्व दें।

तिलहन फसलों में नत्रजनीय उर्वरक की आधी मात्रा व फॉस्फोरस युक्त उर्वरकों की पूरी मात्रा बुआई से पूर्व दें। शेष आधी मात्रा भूमि में नमी होने पर खड़ी फसल में बुआई के तीन–चार सप्ताह बाद दें।

- पोटाश युक्त उर्वरकों का प्रयोग आवश्यकतानुसार मिट्टी परीक्षण के आधार पर करें।
- मिट्टी परीक्षण के आधार पर ही भूमि में जिंक की कमी होने पर 25 किलोग्राम प्रति हेक्टेयर दें।
- कीट व व्याधियों से फसल की रक्षा के लिए पौध संरक्षण उपाय अपनायें।
- पानी भराव वाले इलाकों में जल निकास की व्यवस्था करें।
- धान उत्पादक क्षेत्रों में सामुदायिक पौधशाला (रोपणी) हेतु किसानों को प्रेरित करें।
- जहां संभव हो रबी की फसलों हेतु नमी का संरक्षण करें।

फसल काल में लम्बे समय तक सूखे की स्थिति में अपनाई जाने वाली प्रमुख कृषि कार्य योजना :–

- यदि वर्षा समय पर आ जाती हैं और इसके 12 से 15 दिन बाद सूखे की स्थिति होने पर बोई गई फसलें सूख जाती हैं और वर्षा पुनः प्राप्त हो जाती है तो वैकल्पिक फसलों अथवा अल्पावधि किस्मों की 15 से 20 प्रतिशत अधिक बीज दर रखकर बुआई की जानी चाहिए।
- यदि सूखे की स्थिति 30 से 45 दिन बाद आती है तो उपलब्ध नमी को ध्यान में रखते हुए उचित पौध संख्या बनाए रखने हेतु फसल की छटाई करें।
- सतह आवरण (मल्चिंग) द्वारा भूमि में नमी संरक्षण का कार्य करें।
- यदि फसल में लम्बे अन्तराल पर वर्षा न होने से सुख जाती है और इसके बाद वर्षा होने पर भूमि में नमी संरक्षण के उपाय अपनावें जावे तथा तोरिया, सरसों, अलसी, धनिया व चना फसलों की बुआई करें।
- सिंचाई की सुविधा उपलब्ध होने की स्थिति में सामयिक जीवन रक्षक सिंचाई करना चाहिए।
- सूखे के कारण फसल खराब हो जाने पर इसका चारे के रूप में प्रयोग करें।

वर्षा जल्दी समाप्त होने पर अपनाई जाने वाली प्रमुख कृषि कार्य योजना :–

- खेत में खरपतवार निकालें और इनको फसलों की कतारों के बीच सतह आवरण के रूप में बिछावें ताकि भूमि की सतह से वाष्पीकरण को कम किया जा सकें।
- मिलवा फसलों में से संवेदनशील फसल को उखाड़ कर चारे के रूप में उपयोग में लेवें।
- यदि फसल पूर्णतः नष्ट होने की आशंका है तो चारे के रूप में काम में ले।
- जल संग्रहित वर्षा क्षेत्र से जीवन रक्षक सिंचाई के काम में लें।
- नमी संरक्षण के लिए खड़ी फसल में बखर चलाकर मृदा आवरण करें।
- बाजरा में फूल आने की अवस्था पर थायो यूरिया 0.5 प्रतिशत का छिड़काव सिफारिश अनुसार करें।

लम्बे समय के बाद मानसून के अन्त में भारी वर्षा होने पर अपनाई जाने वाली प्रमुख कृषि कार्ययोजना :–

भूमि में नमी संरक्षण की क्रियायें अपनायी जानी चाहिए ताकि रबी के मौसम में फसलों की खेती संभव हो सके। इसमें पानी व नमी संरक्षण के लिए सामान्यतः निम्न कृषि क्रियायें कारगर पाई गई है:–

- खेतों की मेड़ों को मजबूत करें ताकि पानी खेत से बाहर न जा सके।
- खाली खेतों में पशुओं की नियंत्रित चराई।
- सामयिक भू–परिष्करण (जुताई व पाटा लगाना) द्वारा नमी संरक्षण।
- खड़ी फसल में खरपतवार निकालकर मल्चिंग करना।
- खरपतवार नियंत्रण।
- खड़ीन अथवा निचले स्थानों पर जल का एकत्रीकरण।
- रबी की अल्पावधि फसलों की विभागीय अनुशंसानुसार बुआई करें।
- भारी वर्षा व बाढ़ की स्थिति में अपनाई जाने वाली प्रमुख कृषि कार्ययोजना
- खेत में अतिरिक्त पानी के निकास की व्यवस्था करें।

- यदि भारी वर्षा व बाढ़ से फसल पूर्णरूप से नष्ट हो गई तो बाढ़ की स्थिति सुधर जाने पर 15 अगस्त के पहले दलहनी अल्पावधि फसलों की किस्मों की 15 से 20 प्रतिशत अधिक बीजदर रखकर बुआई करें।
- अगस्त के दूसरे सप्ताह में चारे के लिए बाजरा, ज्वार व ग्वार बोयें।
- यदि बोयी गई अन्न व तिलहनी फसलों की बढ़वार कम दिखाई देने पर खड़ी फसल में नेत्रजनीय उर्वरक दें।
- कीटों व बीमारियों का भारी प्रक्रोप होने की स्थिति में सिफारिशानुसार समुचित पौध संरक्षण उपाय अपनावें।
- बाढ़ सम्भावित निचले भारी मिट्टी वाले क्षेत्रों में धान की बुआई करें।

*****

[12]

किसानों के बड़े शत्रु खरपतवार

खरपतवारों की श्रेणी में कौन सा पौधा आता है निर्धारित करना सरल कार्य नहीं है, क्योंकि यह भूमि के उपयोग से संबंधित है। एक ही पौधा एक क्षेत्र या स्थान पर फसल हो सकता है और दूसरी परिस्थितियों में खरपतवार बन सकता है। खरपतवार की सरल परिभाषा है वे सभी पौधे जिनकी भूमि का उपयोग करने वाले को आवश्यकता नही है।

खरपतवारों को पानी की कम आवश्यकता होती है, जिससे ये सूखा इत्यादि को सहन करके आसानी से जमते और बढ़ते हैं। इनकी जड़ें अधिक विकसित होती हैं और अधिक गहराई तक जाती हैं, जिससे ये भूमि की निचली सतह से भोजन और पानी ले लेती है। जहां से फसल ग्रहण करने में असमर्थ हैं। खरपतवार की पत्तियों पर पर्णरन्ध्र (स्टोमेटा) अधिक पाये जाते हैं और वे अधिकतर अधिक क्रियाशील होते हैं, जिससे पत्तियां अधिक कार्य कर पाती हैं। कुछ खरपतवार फसलों के साथ पकते हैं, जिससे उनके बीज वहीं भूमि में गिर जाते है या फसल के साथ काट लिए जाते हैं। खरपतवार बीजों के अलावा अपने वानस्पतिक भागों से भी सुगमता पूर्वक स्वयं ही पैदा हो जाते हैं जैसे हिरनखुरी और मोथा।

खरपतवारों से फसलों और भूमि पर हानिकारक प्रभाव– खरपतवार फसल के लिए उपलब्ध पोषक तत्व, जल, सूर्य का प्रकाश एवं वायु का प्रयोग करते हैं, जिससे खरपतवार व फसल के बीच प्रतिस्पर्धा उत्पन्न हो जाती है। क्योंकि इन चीजों को फसल के पौधे एक मुख्य अनुपात में होने पर ही लेते हैं और जब उनमें से किसी एक की मात्रा सीमित हो जाती है तो वे दूसरे का प्रयोग सफलतापूर्वक नहीं कर पाते हैं, चाहे दूसरा पर्याप्त मात्रा में ही क्यों न हो। इन सब चीजों को प्राप्त करने के लिए फसल एवं खरपतवारों के बीच संघर्ष होता है। कभी–कभी इस संघर्ष में फसलों को काफी हानि होती है।

खेत का बहुत सा क्षेत्र जिसमें फसल उगाई जा सकती है, उनमें खरपतवार उग आते हैं और इस तरह से फसलों के जमने और बढने के

लिए पर्याप्त स्थान नहीं मिल पाता है, जिसके फलस्वरूप फसल की उपज कम हो जाती है। इसके साथ–साथ यह भी सत्य है कि खरपतवारों की जड़ों क ा विकास अधिक होता है और उनकी जड़े भूमि में अधिक गहराई तक जाती है। इसका नतीजा यह होता है कि खरपतवारों के पौधे भूमि से अधिक मात्रा में भोजन ले लेते हैं। इससे भी फसलों द्वारा भूमि से भोजन लेने में रूकावट होती है, जिसके परिणाम स्वरूप उपज में काफी कमी हो जाती है। यह बात किसान भाईयों को समझना चाहिये कि पौधों को अपना भोजन भूमि से तभी मिल सकता है जबकि भूमि में पर्याप्त मात्रा में पानी हो, क्योंकि पौधे अपना भोजन घोल के रूप में लेते है। इस पानी में से काफी मात्रा खरपतवार अपने प्रयोग में ले लेते हैं तथा विशेष क्रिया द्वारा उसे हवा में उड़ा देते हैं,इस प्रकार भूमि में विद्यमान नमी की कमी हो जाती है अर्थात् जो पानी फसलों को मिलना चाहिए था उसे खरपतवार प्राप्त कर लेते हैं। इससे फसल की बढ़वार कम हो जाती है व फसल छोटी रह जाती है और उपज कम हो जाती है और उपज कम हो जाती है। कभी–कभी फसल के उत्पादन में खरपतवार के कारण 50 प्रतिशत की कमी हो जाती है। अनेक खरपतवारों की किस्मों की जल ग्रहण एवं उपयोग की क्षमता कुछ फसलों से अधिक है। शोध परिणामों से यह भी स्पष्ट हो गया है कि भूमि में जल को संचित रखने और उसे फसल के लिए उपलब्ध कराने हेतु खरपतवारों को पनपने से रोकना जरूरी है। यह कार्य शुष्क एवं अर्ध–शुष्क प्रदेशों में अत्यधिक महत्वपूर्ण है क्योंकि उन क्षेत्रों में जल की कमी पहले से होती है। किसी भी क्षेत्र में खरपतवारों की संख्या फसलों से जल के लिए स्पर्धा करती है और उसी अनुपात में फसल उत्पादन घट जाता है।पोषक तत्वों के लिए खरपतवार काफी जद्दो जहद करते हैं। कृषि भूमि एवं चरागाहों में फसलों एवं चारों के निकट वृद्धि करने वाले खरपतवारों का यदि नियंत्रण न किया जाये तो उस क्षेत्र में तैयार शुष्क पदार्थ के 30 से 40 प्रतिशत भाग या इससे भी अधिक के लिए हकदार बन जाते हैं। यह इस बात का घोतक है कि फसलों एवं खरपतवारों के मध्य जल एवं पोषक पदार्थो के लिए कितनी अधिक स्पर्धा हो सकती है। शायद ही ऐसा कोई खेत हो जो पूर्णतः खरपतवार विहीन हो।

खरपतवारों की अनेक किस्में फसलों से अधिक मात्रा में पोषक तत्वों को ग्रहण करती है। खेतों में नाइट्रोजन एवं पोटेशियम के लिए सबसे अधिक स्पर्धा होती है। उदाहरण के तौर पर यदि पोषक तत्वों के लिए फसल व खरपतवार के बीच प्रतिस्पर्धा को देखा जाये तो पता चलता है कि संकर मक्का में खरपतवारों ने 30 दिनों के अन्दर 59, 10, तथा 59 किलोग्राम प्रति

हेक्टेयर क्रमशः नाईट्रोजन, फास्फोरस एवं पोटेशियम को हड़प लिया। अलसी के खेतों में चौड़ी पत्तियों वाले खरपतवार उपलब्ध पोषक तत्वों को फसल से दो से तीन गुना अधिक मात्रा ग्रहण करते हैं।

खरपतवार स्थान के लिए स्पर्धा अधिक करते हैं। स्पर्धा की यह शक्ति परिस्थितियों के अनुसार परिवर्तित होती रहती है। पौधे जितने निकट होंगे उनमें उतनी ही अधिक स्पर्धा होगी। स्पर्धा का संकटपूर्ण काल बुआई के बाद 3 से 13 सप्ताह के मध्य तक रहता है। खरपतवारों की प्रति इकाई क्षेत्रफल में संख्या के अलावा, वे किस अवस्था में अथवा कितने समय तक खेत में रहे, यह भी फसलों को होने वाली क्षति को निर्धारित करता है। खरपतवारों से गहन क्षति फसलों में प्रारंभिक अवस्था में होती है, क्योंकि प्रारंभिक अवस्था में हुई क्षति की भरपाई बाद में नहीं हो सकती। यदि धान की दौजियों के अंकुरण के पूर्व खेत को खरपतवार रहित रखा जाये तो सबसे अधिक लाभ होता है। मूंगफली की प्रस्फुटन के चार सप्ताह पश्चात् तक खरपतवारों से रहित रखा जाये तो फसल को कोई क्षति नहीं होगी। सोयाबीन खरीफ मौसम की फसल होने से इसमें खरपतवार की मुख्य रूप से एक गंभीर समस्या बनी रहती है। इस प्रमुख तिलहनी फसल में खरपतवार प्रबंधन के अभाव में 35 से 70 प्रतिशत तक उपज में कमी आती है। सोयाबीन में बुआई के बाद प्रारंभिक 45 दिनों तक खरपतवारों द्वारा अधिक नुकसान होता है। खरीफ फसलों में पानी मुख्य रूप से मानसून की वर्षा से ही मिल पाता है तथा लगातार वर्षा से खरपतवारों के बीज बराबर निकल आते हैं जिससे खरीफ की फसलों में रबी फसलों की अपेक्षा खरपतवारों से अधिक नुकसान होता है। खरीफ में उगायी जाने वाली फसलों में अधिकतर क्षेत्र असिंचित है, जिसकी वजह से स्थिति और गंभीर हो जाती है। औसत रूप से खरपतवार 30–40 किलोग्राम नाइट्रोजन 10–15 किलोग्राम फास्फोरस व 25 से 35 किलोग्राम पोटाश प्रति हेक्टेयर अवशोषित कर लेते हैं।

खरपतवारनाशी दवाओं से खरपतवार नियंत्रण दृ आज की आधुनिक कृषि में खरपतवार नियंत्रण मुख्य रूप से खरपतवार नाशक दवाओं के प्रयोग किया जाता है। खरपतवारों पर नियंत्रण के लिए खरपतवारनाशी दवाओं के प्रयोग में कम समय लगता है और उनका प्रयोग भी आसान है। विभिन्न प्रकार के शाकनाशी पदार्थो की खरपतवारों को विनिष्ट करने की अलग–अलग प्रक्रिया होती है।

जब खरपतवार–नाशक रसायनों से उपचार फसल और खरपतवारों को मिली– जुली आबादी में भूमि की सतह से ऊपर के अंगों पर सीधे किया जाता है तो उपचारित पौधे की पत्तियों और तने शाकनाशी का धारण और अवशोषण करने वाले मुख्य अवयव होते हैं। इसके विपरीत जब शाकनाशी को मिट्टी भूमि पर डाला जाता है तो उसका अवशोषण करने वाले अवयव जडें और अंकुरित तने होते हैं। जलीय खरपतवारों में शाकनाशियों का अवशोषण पत्तों एवं अन्य भागोंध अंगों तथा जड़ों से होता है। इस प्रकार प्रयोग किये जाने के पश्चात् शाकनाशी पदार्थ के प्रभाव से पौधों में अनेक प्रकार के जीव रसायनिक (बायोकेमिकल) और जीव क्रियात्मक (फिजियोलाजिकल) परिवर्तन होने लगते हैं। इन्हीं परिवर्तनों के कारण पौधों में कार्बोहाईड्रेट की संचित मात्रा कम हो जाती है और अंत में कोशिकाओं की मृत्यु हो जाती है। कभी–कभी खरपतवार नियंत्रण हेतु प्रयुक्त शाकनाशी का विशाक्त प्रभाव भूमि में बना रहता है, जो बाद में उगायी गई फसलों की वृद्धि प्रभावित करता है। यद्यपि इस प्रकार का प्रभाव बहुत कम होता है, परन्तु कुछ संवेदनशील फसलों पर इसका प्रभाव देखने को मिलता है। शाकनाशी या नींदानाशक रसायन के प्रभाव की सीमा और अवधि, भूमि की किस्म, वातावरण की अवस्था भूमि में सूक्ष्म जीवाणुओं की क्रियाशीलता, भूमि में जीवांश पदार्थ की मात्रा प्रयोग की गई शाकनाशी की किस्म एवं मात्रा के ऊपर निर्भर करती है। शाकनाशी के इस कुप्रभाव को निम्न प्रकार से कम कि या जा सकता हैः–

1. भूमि में लगातार सिंचाई करने से शाकनाशी पदार्थ का अवशेष निच्छालन की क्रिया से घुलकर नीचे चला जाता है, जिससे फसलों पर विषाक्तता का प्रभाव नहीं पड़ता है।

2. खेतों में क्रियाशील भूमि सुधारक पदार्थ के प्रयोग से अवशेष कम हो जाता है। इस क्रिया में भूमि सुधारक पदार्थ शाकनाशी के अवशेष को कम कर देता है और भूमि सुधारक पदार्थ शाकनाशी के अवशेष को शोषित कर लेता है।

3. ऐसे फसल चक्र जिनमें शाकनाशी के प्रति सहिष्णु फसलें ली गई हैं। अपनाकर इस प्रकार के प्रभाव को कम करने में सहायता मिलती है।

4. फॉस्फोरस प्रदान करने वाले उर्वरकों के संतुलित मात्रा में प्रयोग से भी शाकनाशी के अवशेष प्रभाव को कम किया जा सकता है।

सोयाबीनः– सोयाबीन को हानि पहुंचाने वाले खरपतवारों में घास कुल के खरपतवार सावां, मकड़ा, मोथा, दूब, नरकुल, चौड़ी पत्ती वाली जंगली चौलाई, कंटीली चौलाई, केना, सफेद मुर्ग, हजार दाना, हुरहुर, छोटी लूनिया, बड़ी लूनिया छोटा गोखरू, चकौसी, कनकउवा, विषखापरा और दूधी प्रमुख है। सोयाबीन का पौधा अपनी प्रारंभिक अवस्था में खरपतवारों से मुकाबला नहीं कर सकता, लेकिन 30–40 दिन बाद जब पौधा अच्छी तरह फैल जाता है, तो खरपतवारों को बढने से रोक देता है। इसलिए यह आवश्यक है कि प्रारंभ में अच्छी तरह स्थापित होने तक फसल को खरपतवारों से मुक्त रखा जाए। आजकल रसायनिक खरपतवार नियंत्रण से सोयाबीन में खरपतवारों का अच्छा नियंत्रण होता है।

1. बुआई से पूर्व ट्रायफ्लूरालिन रसायन की 2 लीटर मात्रा प्रति हे. क्षेत्र में 500 लीटर पानी में घोलकर आखिरी बखरनी के पूर्व खेत में छिडककर व बखर या हल द्वारा मिट्टी में भली –भांति मिलाकर सोयाबीन की बुआई करना चाहिए।

2. बोनी के बाद अंकुरण के पूर्व एलाक्लोर 50 ई.सी. की 2 लीटर क्रियाशील अवयव या पेन्डीमिथालीन 30 ई. सी. की 2 लीटर क्रियाशील अवयव या मेटालाक्लोर 50 ई.सी. की 1 लीटर क्रियाशील अवयव प्रति हेक्टेयर के हिसाब से 500 लीटर पानी में घोलकर बोनी के बाद एवं अंकुरण के पूर्व छिड़काव करने से खरपतवार नियंत्रण सफलतापूर्वक किया जा सकता है। खरपतवारों की सघनता एवं मौसम की अनिश्चित्तता को देखते हुए अगर रसायनों का प्रयोग करना ही पड़े तो खड़ी फसल में उपयोगी नींदानाशकों की अनुशंसा ही श्रेयस्कर होगी।

*****

[13]

बीजोपचार का कृषि में महत्व

उत्पादकता बढ़ाने के लिए उत्तम बीज का होना अनिवार्य है। कृषि क्षेत्र की प्राथमिकता उत्पादकता को बनाये रखने तथा बढ़ाने मे बीज का महत्वपूर्ण स्थान है। उत्तम बीजों के चुनाव के बाद उनका उचित बीजोपचार भी जरूरी है क्यों कि बहुत से रोग बीजो से फैलते है। अतः रोग जनको, कीटों एवं असामान्य परिस्थितियों से बीज को बचाने के लिए बीजोपचार एक महत्वपूर्ण उपाय है।

- **बीजोपचार के लाभ**

- अनुसंधान द्वारा पाया गया कि बीजोपचार के लाभ उत्तम पौधों, अच्छी गुणवत्ता, ऊँची पैदावार और रोगों तथा कीट नियंत्रण मे लगी पूंजी पर अच्छी आय के रूप में दिखाई देते है। परंतु आज भी ऐसे किसानों की संख्या बहुत अधिक है, जो अनुपचारित बीज बोते है। इसलिए उपचारित बीजों के लाभों का व्यापार प्रचार तथा प्रसार करना बहुत आवश्यक है।

- **बीजोढ़ रोगों का नियंत्रण :–**

छोटे दाने की फसलों, सब्जियों व कपास के बीज के अधिकांश बीजोढ़ रोगों के लिए बीज निसंक्रमण व बीज विग्रसन बहुत प्रभावकारी होता है।

- **मृदोढ़ रोगों का नियंत्रणः–**

मृदोढ़ कवक, जीवाणु व सूत्रकृमि से बीज व तरूण पौधों को बचाने के लिए बीजों को कवकनाशी रसायन से उपचारित किया जाता है, जिससे बीज जमीन मे सुरक्षित रहते है, क्योंकि बीजोपचार रसायन बीज के चारो और रक्षक लेप के रूप में चढ़ जाता है और बीज की बुवाई ऐसे जीवों को दूर रखता है।

- **अंकुरण मे सुधार :–**

बीजों को उचित कवकनाशी से उपचारित करने से उनकी सतह कवकों के आक्रमण से सुरक्षित रहती है, जिससे उनकी अंकुरण क्षमता बढ़ जाती है। यदि बीज पर कवकों का प्रभाव बहुत अधिक होता है तो भंडारण के दौरान भी उपचारित सतह के कारण उनकी अंकुरण क्षमता बनी रहती है।

- **कीटों से सुरक्षा :–**

भंडार में रखने से पूर्व बीज को किसी उपयुक्त कीटनाशी से उपचारित कर देने से वह भंडारण के दौरान सुरक्षित रहता है। कीटनाशी का चयन संबधित फसल बीज के प्रकार और भंडारण अवधि के आधार पर किया जाता है।

- **मृदा कीटों का नियंत्रण :–**

कीटनाशी का संयुक्त उपचार करने से बुआई के बाद मृदा में सुरक्षित रहता है और बीज अवस्था में उसका विकास निर्विधन होता है।

- **बीजोपचार की विधियाँ :**

- **1. नमक के घोल से :–**

पानी में नमक का 2 प्रतिशत का घोल तैयार करे, इसके लिए 20 ग्राम नमक को एक लीटर पानी में अच्छी तरह मिलाएँ। इनमें बुवाई के लिए काम मे आने वाले बीजों को डालकर हिलाएँ। हल्के एवं रोगी बीज इस घोल में तैरने लगेंगे। इन्हे निथार कर अलग कर दें और पैंदे में बैठे बीजों को साफ पानी से धोकर सुखाले फिर फफूंदनाशक, कीटनाशक एवं जीवाणु कल्चर से उपचारित करके बोयें।

- **2. ताप का उपचार :–**

कुछ रोगों के जीवाणु जो बीज के अन्दर रहते है, इनकी रोकथाम के लिए बीजों को मई– जुन के महिनों में जब दिन का तापमान 35 से 50 सेन्टीग्रेड के मध्य होता है तक बीजों को 6 से 7 घण्टे तक पक्के फर्श पर धूप लगा दे जैसे गेहूँ के कुंडूआ रोग में।

- **3. फफूंदनाशक दवाओं से उपचार :–**

बीजों को फफूंदनाशक दवाओं से उपचारित करने के लिए इन्हें पाउडर या तरल अवस्था में उपयोग कर सकते है। इन रसायनों के रक्षणीयता के आधार पर इन्हें दो भागों में बांटा गया है।

- **रोग नाशकः**

ये रसायन बीजोपचार के बाद बीज को एक बार रोगाणुनाशक बना देते है। परन्तु बुवाई के बाद ये रसायन अधिक समय तक सक्रिय नहीं हर पाते है।

- **रक्षक :**

इस प्रकार के रसायन बीज की सतह पर चिपक कर बुवाई के बाद पौध अवस्था मे भी रोगो से रक्षा करते है। अधिकतर बीजोपचार वाले रसायन या तो कार्बनिक पारद पदार्थ होते है या अपारद पदार्थ जैसे सल्फेट, कापर कार्बोनेट आदि।

- **फफूंदनाशक दवाओं से बीजोपचार की विधियाँ :**

- **सूखी विधि :**

इस विधि में रसायनों के पाउडर का उपयोग किया जाता है। इनमे एग्रोसेन जी.एन. सेरेरान, बीटावेक्स, कॅापर सल्फेट, ऐसीटान, बाविस्टिन इत्यादि की 2 से 2.5 ग्रामधकि.ग्राम बीज दर से उपचारित करते है।

- **गीली विधि :**

जब रसायनों को बीजों के अन्दर पहुंचाना जरूरी होता है तब पानी मे घुलनशील फफूंदनाशक दवाओं का इस्तेमाल किया जाता है।

- उदाहरण के लिए आलू के स्कर्वी रोग से फसल को बचाने के लिए आलू के बीजों का एरीटॅान या टुफासान के 0.5 प्रतिशत घोल मे 2 मिनट तक डुबोया जाना चाहिए। मूंगफली के टिक्का रोग से बचाने के लिए बीजों को 2.5 प्रतिशत फार्मेलिन घोल में आधा घंटे रखते है।

- **कीटनाशी उपचार :**

मृदा में तंतु कृमि, दीमक तथा अन्य कीट पौधों को क्षति पहुँचाते हैं। बीज को कीटनाशकों से उपचारित कर बुवाई करने से बीज तथा तरूण पौधों

को कीटों से मुक्त रख सकते हैं। इसके अतिरिक्त संसाधित बीज को भंण्डारण के दौरान सुरक्षित रखा जा सकता है। दीमक के उपचार के लिए क्लोरोपाईरीफॉस 20 ई.सी. का पानी में घोल बनाकर बीज पर छिडकाव किया जाता है। कीटनाशक की तरल अवस्था नहीं मिलने पर इसे पाउडर अवस्था में भी काम में लिया जा सकता है। कीटनाशी की मात्रा बीज दर तथा आकार पर निर्भर करती है।

- **जीवाणु कल्चर से उपचार :**

विभिन्न जीवाणु कल्चर से बीजोपचार कर पौधों के लिये मृदा में पोषक तत्वों की उपलब्धता को बढाया जाता है। सामान्यतया उपयोग में आने वाले जीवाणु कल्चर निम्न हैं –

- **1. राइजोबियम जीवाणु :**

इन जीवाणुओं का दलहनी फसलों के साथ प्राकृतिक सहजीवता का सम्बन्ध होता है। ये दलहनी फसलों की जडों में रहकर ग्रथिया बनाते है एवं नत्रजन स्थिर करते हैं। इनके द्वारा नत्रजन की स्थिर की गयी मात्रा जीवाणु विभेद, पौधों की किस्में, मृदा गुणों, वातावरण, सस्य क्रियाओं आदि पर निर्भर करती है। राइजोबियम – दलहन सहजीवता से 100–200 किलोग्राम नत्रजन प्रति हेक्टर प्रतिवर्ष होती है।

- **2. ऐजोटोबेक्टर जीवाणु :**

ये जीवाणु गैर दलहनी फसलों जैसे गेहूँ, जौ, मक्का, ज्वार, बाजरा, आदि के लिये उपयुक्त है। ये 20–30 किलोग्राम नत्रजन प्रति हेकटर तक स्थिर कर सकते है।

- **3. फास्फोरस विलेयकारी जीवाणु :**

ये जीवाणु मृदा में उपस्थित अविलेय, स्थिर तथा अप्राप्त फास्फोरस की विलेयता को बढ़ाकर उसे पौधों को उपलब्ध कराने में सहायक होते है। इसका उपयोग लगभग सभी फसलों में हो सकता है। अलग–अलग दलहनी फसलों की जड़ों में राइजोबियम नामक जीवाणु की अलग–अलग प्रजाति होती है, इसलिये अलग–अलग जीवाणु या कल्चर की जरूरत पड़ती है।

- **जीवाणु कल्चर से बीजोपचार :**

• जीवाणु कल्चर के बीजोपचार से अच्छे परिणाम के लिये सही विधि का महत्वपूर्ण योगदान है। वाहक आधरित जीवाणु खाद (200 ग्राम) को गुड़ के 10 प्रतिषत घोल (एक लीटर पानी में 100 ग्राम गुड़) में मिलाया जाता है और इस घोल को एक एकड़ के बीजों की मात्रा पर छिडक कर मिलाया जाता है। ताकि बीजों पर वाहक की परत बन जाये। इन बीजों को छाया में सुखाकर तुरन्त बुवाई करनी चाहिए। उपचारित बीजों को रासायनिक उर्वरकों तथा कृषि रसायनों के सम्पर्क से बचाना चाहिये।

• फसल में अगर कीटनाशी, फफूंदनाशी और जीवाणु कल्चर का उपयोग बीजोपचार द्वारा करना हो तो सर्वप्रथम कीटनाशी के उपचार के बाद क्रमशः फफूंदनाशी व जीवाणु कल्चर का उपयोग करें।

*****

[14]

पौधशाला का रेखांकन

पौधशाला में स्थान की अति आवश्यक है कि नर्सरी के लिए पुन। गगा तथा जलवायु, मृदा, जल, मानवश्रम एवं अन्य आवश्यक सुविधाओं के साथ–साथ बाजार व मांग क्षेत्र के आसपास भी होना चाहिये, क्षेत्र की जलवायु सभी प्रकार के प्रवर्धन में सहयोगी तथा मृदा उपजाऊ, निष्क्रिय पीएच मान युक्त, पानी पर्याप्त मात्रा में व गुणवत्ता में श्रेष्ठ होना चाहिये। पौधशाला में पौधे छोटी अवस्था में रखे जाते हैं। अतः यह अति–आवश्यक कि पौधशाला क्षेत्र पूर्णतः सुरक्षित, उपजाऊ, अच्छी गुणवत्ता के जलयुक्त, मानव श्रम की उपलब्धता, कीट व रोगों से मुक्त, बाजार के निकट होना चाहिये।

पौधशाला के लिये क्षेत्रः–

पौधशाला कार्य एक व्यवसाय होने के कारण इसका क्षेत्र भी व्यवसाय के समान लघु, मध्यम वृहत्त तीन भागों में बांटा जा सकता है। एक लघु नर्सरी के लिये 2500 से 10,000 वर्ग मीटर, मध्यम के लिये 10,000 से 25,000 वर्गमीटर तथा वृहत्त नर्सरी हेतु 25,000 वर्गमीटर से 100,000 वर्ग मीटर क्षेत्र की आवश्यकता पड़ती है।

पौधशाला का क्षेत्र उद्देश्य एवं उत्पादन स्थिति को ध्यान में रखकर कम व ज्यादा किया जा सकता हैं, भूखंड में जहां पर भूमि गहरी है, वहां मातृ वृक्ष लगाये जाने चाहिए। जहां कम गहरी व समस्या ग्रस्त है। वहाँ मूलवृंत तथा अन्य क्यारियाँ बनाई जायें। कम उपजाऊ भूमि पर कार्यालय, निवास तथा विक्रय स्थल का निर्माण करना चाहिये। जो भूमि अधिक ढलावदार है वहां पर उत्पादक उद्यान व मातृवृक्षों को कन्टूर पद्धति से लगायें।

जल व्यवस्था :–

जल व्यवस्था को निम्न भागों में विभाजित किया जा सकता है।

जल स्त्रोतः–

सम्पूर्ण पौधशाला का रेखांकन जलस्त्रोत के प्रकार एवं क्षमता पर निर्भर करता है युक्त गुणवत्ता पर्याप्त पानी उपलब्ध होना चाहिए। जल स्त्रोत में किसी भी समय आवश्यक मात्रा में जल उपलब्ध होना चाहिए। उपलब्ध जल स्त्रोत के आधार पर ही प्रवर्धित पौधों की क्यारियाँ तथा अन्य क्यारियाँ और गमलाघर आदि का रेखांकन किया जा सके।

वितरण व्यवस्थाः–

पौधशाला में जल विवरण व्यवस्था इस प्रकार की होनी चाहिए की जल को बिना व्यर्थ किए आवश्यक स्थान तक सुगमता से पहुंचा दिया जाए। जल वितरण में पानी की हानि को बचाने के लिये स्थाई एवं अर्द्ध–स्थाई पाईप लाईन लगानी चाहिए।

जल भंडारणः–

पौधशाला में लगभग 7 दिन तक आवश्यक जल की मात्रा भंडारण की क्षमता होनी चाहिए ताकि आवश्यकता होने पर छोटे पौधे में पानी दिया जा सके। यह कक्ष पौधशाला के सबसे ऊंचे स्थान पर बनाया जाना चाहिए तथा सम्पूर्ण पौधशाला से पाईप लाइनों से जुड़ा रहना चाहिए।

जल निकास व्यवस्थाः–

पौध शाला में जल निकास की उत्तम व्यवस्था होनी चाहिए। जल निकास व्यवस्था में मुख्य जल– निकास नाली नर्सरी के सबसे निचले भाग पर बनाई जाती है। इस नाली से अन्य सहायक जल निकास नालियाँ बनाकर जोड़ दी जाती हैं। नर्सरी का प्रत्येक भाग जल निकास नालियों से जुड़ा हों।

वर्षा जल भंडारण टैंकः–

पौध शाला में वर्षाजल का विशेष महत्व होता है। पौधशाला की अवस्था में वर्षा जल का उपयोग करने से पौध उत्पादन स्वस्थ एवं अंकुरण क्षमता में बढ़वार होती है। अतः नर्सरी के निचले भाग पर एक बड़ा टैंक या खडीन बनाकर वर्षा जल को सुरक्षित रखें।

यातायात व्यवस्थाः–

पौधशाला पर यातायात की अच्छी सुविधा होनी चाहिए। पौधों का विक्रय अधिकांशतः वर्षाऋतु में ही होता है। अतः सड़क पक्की एवं इस योग्य होनी चाहिए कि उसमें ट्रक, ट्रैक्टर, बैलगाड़ी या अन्य साधन सुविधापूर्वक नर्सरी तक आ सके। नर्सरी के आन्तरिक भाग भी पक्के रास्तों से जुड़े होने चाहिए। सड़क के दोनों ओर मातृवृक्ष के रूप में शोभादार वृक्षों और झाड़ियों का उपयोग किया जा सकता है।

नर्सरी के प्रकारः–

नर्सरी को किस रूप में विकसित करना उचित होगा यह बात उस क्षेत्र की मांग पर निर्भर करती हैं जैसे किसी एक ही फल वृक्ष के पौधों की अधिक मांग हो तो विशिष्ट नर्सरी के रूप में विकसित करना पड़ेगा।

पौधशाला के आवश्यक विभागः–

पौधशाला में आन्तरिक रेखांकन इस प्रकार होना चाहिए कि सभी संबंधित विभाग एक–दूसरे से जुड़े हुए हों। पौधशाला को आवश्यकता के अनुसार मातृवृक्ष ब्लॉक, मूलवृंत ब्लॉक, छायाग्रह, कार्यस्थल, विक्रय स्थल, गमलाघर, खाद संग्रहण ग्लास हाऊस, नेट हाऊस, पॉली हाऊस, आवास तथा विविध प्रकार की क्यारियाँ आदि भागों में बांटना चाहिए।

मातृवृक्षः–

उच्च गुणवत्ता के पौधे प्राप्त करने के लिये क्षेत्र के अनुसार आवश्यक किस्मों के पौधे नर्सरी के एक भाग में स्थापित करना चाहिए, जिसमें नींबू, संतरा, मौसमी, अनार, फालसा, आम, चीकू, कटहल, आंवला, बेर, शहतूत आदि पौधे की प्रचलित किस्में के पौधे लगाने चाहिये।

शोभाकारी पौधेः–

नर्सरी को बहुउद्देश्यीय बनाने के लिये शोभाकारी पौधे का उत्पादन भी आवश्यक है। इन पौधों को तैयार करने के लिये मातृपौधों के रूप में एकेलिफा, बोगेनविलिया, चम्पा, टिकोमा, गुड़हल, कनेर, मोगरा आदि के छोटे–छोटे ब्लॉक लगाने चाहिये।

गुलाब की क्यारियाँ :–

गुलाब की मांग अधिक होने के कारण गुलाब की मुख्य किस्मों की लाइनें लगानी चाहिये।

मूलवृंत की क्यारियाँ:–

विभिन्न फल वृक्षों के मूलवृंत तैयार करने के लिये नर्सरी में एक निश्चित स्थान रखना चाहिए जिसमें थैलियां व गमले रखकर मूलवृंत तैयार किया जा सके।

प्रवर्धित पौधों की क्यारियाँ :–

प्रवर्धित पौधों की क्यारियाँ पौधों के संसाधन तथा विक्रय के लिये बनाई जाती हैं। यह स्थान हमेशा मुख्य सड़क तथा सहायक सड़क से लगा हुआ होना चाहिये।

कालिकायन कक्ष :–

यह कक्ष प्रवर्धित क्यारियों के पास ही होना चाहिये। इस कक्ष में कलिकायन कार्य किया जाता है। कलिकायन कक्ष को यू.वी.एस. की चद्दरों से ढककर रखना चाहिए।

*****

[15]

जिद्दी खरपतवारों का सटीक इलाज

दूब, मोथा, कांस जैसे जिद्दी खरपतवार उत्पादन वृद्धि के रोड़ा हैं। दूब–दूब घास एक बहुवर्षीय एक पत्री खरपतवार है, जिसकी जड़ें बहुत ज्यादा फैलती हैं। नम व गर्म मौसम में अधिक बढ़वार करता है, मुख्यतः इनका खरीफ की फसलों में ज्यादा प्रकोप होता है। यह एक बहुत अधिक शाखाओं वाली विस्तृत रूप से रेंगने वाली घास है, जसकी सतह के नीचे कंद होते हैं।

तना–

प्रायः चपटा, जमीन से चिपका परन्तु कभी–कभी कुछ ऊपर की ओर उठा हुआ जिसमें भूमि की सतह के नीचे कंदों की एक विस्तृत श्रंखला होती है।

पत्तियां–

छोटी 2–10 से.मी. लम्बी और 4 मि.मी. तक चौड़ी नीले से हरे रंग की होती है, जिनकी निचली सतह चिकनी और ऊपरी रुएंदार होती है और किनारे खुरदरे होते हैं। ऊपर तनों पर छाए होते हैं

नियंत्रण–

ग्रीष्म कालीन जुताई के कारण प्रकंद धूप में सूख जाते हैं। लगातार जुताई से इस घास–पात का उन्मूलन हो सकता है। खेत में मूंग, लोबिया, सोयाबीन आदि सघन छायादार फसल बोने से अधिकांश घास नष्ट हो जाती है। गर्मियों की जुताई से 2 सप्ताह पूर्व पैराक्वाट खरपतवारनासी की 1 किलोग्राम मात्रा को 500 लीटर पानी में घोलकर प्रति हेक्टेयर क्षेत्र में छिड़कें फिर इसके बाद कोई फसल बोयें। डेलापान या अमीट्रोल की 2 किलोग्राम मात्रा 500 लीटर पानी में घोलकर प्रति हेक्टेयर क्षेत्र में मध्य मई मे जुताई जून के प्रारंभ में करें।

मोथा–

यह साइप्रेसी कुल का खरपतवार है। अंग्रेजी में लट ग्रास तथा हिन्दी में इसे मोथा कहते हैं। यह बहुवर्षीय खरपतवार है। इसमें फैलने वाला भौमिक तना होता है। इसी तने पर नट्स या ट्यूबर्स बनते हैं। इन्हीं नट्स से वायवीय तने निकलते हैं। जो फूल तथा फल उत्पन्न करते हैं। ट्यूबर्स में खाद्य पदार्थ सुरक्षित रहता है। इसी के सहारे मोथा प्रतिकूल परिस्थितियों मे सुषुप्त अवस्था में अपना जीवन यापन करता है। इसके नट्स अधिक गहराई तक भूमि में पाये जाते हैं। इसकी जड़ों में गांठे बन जाती है। इसकी संख्या प्रत्येक पौधे में चार–पांच से लेकर बारह या इससे अधिक भी होती है। बहुवर्षीय होने के कारण प्रति वर्ष अपना प्रसारण करते रहते हैं और बीजोत्पादन होता रहता है। यह शुष्कता सहन करने की क्षमता रखता है, तथा नम दशा उपस्थित होने पर फिर से वानस्पतिक वृद्धि करना प्रारंभ कर देता है। यह भूमि से प्रचुर मात्रा में खाद्य पदार्थ तथा नमी का शोषण करता है। इस प्रकार फसलों की वानस्पतिक वृद्धि भी रूक जाती है। अपेक्षाकृत मक्का,अरहर, ज्वार की फसलों को अधिक हानि पहुंचाता है। 50–75 प्रतिशत तक फसल की उपज मे क्षति पहुंचती है। मोथा भारी संख्या में बीज उत्पन्न करता है। बीज बहुत छोटे और हल्के होते हैं जो हवा द्वारा चारों ओर प्रसारित होती है। किन्तु बीजों में अंकुरण क्षमता कम होती है।

रोकथाम व नष्ट करने के उपाय–

निंदाई–गुड़ाई इस प्रकार करते रहें कि तीन वर्ष तक इसके वायुमंडलीय भागों को बढने का अवसर न मिले। गर्मी की जुताई बहुत लाभकारी सिद्ध हुई है। इससे ट्यूबर्स भूमि की ऊपरी सतह पर लाये जाते हैं, जहां सूर्य की प्रचंड धूप इसको नष्ट कर देती है। खरपतवार से ग्रसित भूमि में सनई की हरी खाद की फसल बोई जाए। धान–बरसीम का शस्य–चक्र अपनाना बहुत उपयोगी रहेगा। गर्मियों में गहरी जुताई के साथ–साथ 2,4–डी सोडियम साल्ट (3 किलोग्राम/हेक्टेयर) को 500 लीटर पानी में घोल कर छिड़काव वर्षा प्रांरभ होने से पूर्व ही करें।

कांस–

यह बहुत गहरी जड़ वाला, शीघ्रता से प्रसार करने वाला बहुवर्षीय खरपतवार है। यह कृषि योग्य तथा बेकार पड़ी हुई भूमि में अधिक मात्रा में

पाया जाता है। नम तथा नीची भूमियों तथा नदियों की घाटी में इसकी प्रचुरता से वृद्धि होती है। यह वर्षा ऋतु के अन्त में फूलता है। सितम्बर में भूमि की किस्म के अनुसार पौधे 1.5 से 5 मीटर तक लम्बे होते हैं। जड़े 3 से 7 मीटर की गहराई तक भूमि में पाई जाती है। जहां कांस के पौधे उगते हैं, वहां की संपूर्ण भूमि में जड़ों का जाल बिछ जाता है। कांस का पौधा अपेक्षा कृत सब से अधिक नमी तथा खाद्य पदार्थ का ह्रास करता है। इस प्रकार भूमि की उर्वराशक्ति बहुत ही शीघ्र नष्ट हो जाती है और फसल की उपज बहुत ही घट जाती है। वर्षा समाप्त होने पर सितम्बर–अक्टूबर में कांस पर फूल आते हैं। इसके बीज बहुत बारीक तथा हल्के होते हैं। इसलिए ये वायु तथा जल द्वारा बड़ी सुगमता पूर्वक फैल जाते हैं। एक बार बीज द्वारा उगने पर फिर कांस राइजोम्स द्वारा ही पैदा होता है प्रायः ऐसा देखा गया है कि कांस पहली साल बीज पैदा नहीं करता वरन वानस्पतिक वृद्धि ही करता है। दूसरे साल के बाद कांस हर साल बराबर फूलता–फ लता है। गहरी जड़ें होने के कारण यह सूखे को बड़ी सफलतापूर्वक सहन कर लेता है।

नियंत्रण उपाय–

ट्रैक्टर या बैल–चालित उपकरणों से गहरी जुताई करके इस पर नियंत्रण पाया जा सकता है। तवेदार हल से जुताई 12–15 से.मी. गहरी करनी चाहिए। खरपतवार ग्रस्त क्षेत्र को जलमग्र करके भी इस पर नियंत्रण पाया जा सकता है। खरीफ में कांस से ग्रसित खेत में धान की फसल लेना एक अच्छा नियंत्रण का उपाय है। इस खरपतवार के प्रकंदों को नष्ट करने के लिए फेनेक खरपतवार नाशक रसायन की 3 किलोग्राम मात्रा को 500 लीटर पानी में घोलकर प्रति हेक्टेयर क्षेत्र में प्रयोग करें।

*****

[16]

प्लास्टिक लो टनल तकनीक से बेमौसमी सबजियों का उत्पादन

संरक्षित खेती का मुख्य उद्देश्य सब्जी फसलों को मुख्य जैविक या अजैविक कारकों से बचाकर उगाना होता है। इसमें फसल को किसी एक कारक या कई कारकों से बचाकर उगाया जा सकता है। संरक्षित सब्जी उत्पादन के लिए सब्जी उत्पादकों को संरक्षित खेती व विभिन्न संरक्षित संरचनाओं की पूर्ण जानकारी होना बहुत आवश्यक है। उसके बाद ही उत्पादक तय कर सकता है कि वह किस प्रकार की संरक्षित तकनीक अपनाकर बेमौसमी सब्जियों का उत्पादन करे। संरक्षित संरचनाओं को बनाने के बाद में रख रखाव में क्या व्यय होगा तथा उच्च गुणवत्ता वाली सब्जियों को वह किस बाजार में बेचकर अधिक लाभ कमा सकता है। इन सभी विषयों की जानकारी आवश्यक है। मुख्यतः सब्जी उत्पादन हेतु उचित व उपयुक्त संरक्षित प्रौद्योगिकी की आवश्यकता उस क्षेत्र की जलवायु पर निर्भर करती है। लेकिन इसके अलावा किसान की आर्थिक दशा, टिकाऊ व उच्च बाजारकी उपलब्धता व बिजली की उपलब्ध्ता आदि कारक भी इसको निर्धारित करते है। सब्जीयों के बेमौसमी उत्पादन हेतू मुख्यतः वातावरण अनुकूलित ग्रीनहाउस (Airconditioned greenhouse), प्राकृतिक वायु संचारित ग्रीनहाउस (Natural air flow greenhouse), कम लागत वाले पॉलीहाउस (Low cost polyhouse), वाक–इन–टनल (Walk in tunnel), कीट अवरोधी नेटहाउस (Insect resistant nethouse), तथा लो प्लास्टिक टनल (Low plastic tunnel) आदि संरचनाओं का उपयोग किया जाता है। बेमौसमी सब्जियों की संरक्षित खेती के लिए सब्जियों की पौध प्लग ट्रे पद्धती से ग्रीनहाउस मे तैयार की जाती है। तथा उसके बाद पौधो को उपयुक्त संरक्षित संरचना में रोपाई करते है।

लो प्लास्टिक टनल तकनीकः—लो प्लास्टिक टनल ऐसी संरक्षित संरचना है जिसे मुख्य खेत में फसल की रोपाई के बाद प्रत्येक फसल क्यारी के ऊपर कम ऊचाई पर प्लास्टक की चादर ढक कर बनाया जाता है। यह फसल को कम तापमान से होने वाले नुकसान से बचाने के लिए बनाई जाती है। यह तकनीक उत्तर भारत के उन मैदानो में सब्जियो की बेमौसमी खेती के लिए बहूत उपयोगी है जहॉ सर्दी के मौसम में रात का तापमान लगभग 40 से 60 दिनो तक 8 डीग्री सें.ग्रे.से नीचे रहता है। ऐसी संरचना बनाने के लिए सबसे पहले ड्रिप सिंचाई की सुविधा युक्त खेत में, जमीन से उठी हुई क्यारियॉ उत्तर से दक्षिण दिशा में बनाई जाती हैं। क्यारी के उपर 2 मी.मी. मोटे जंगरोधी लोहे के तारो या पतले व्यास के पाईपों को मोडकर हुप्स या घेरे इस प्रकार बनाते हैं कि इसके दो सिरों की दूरी 50 से 60 सेमी तथा मध्य से ऊँचाई भी 50 से 60 सेमी रहे। तारों के बीच की दूरी 1.5 से 2 मीटर रखनी चाहिए। इसके बाद तैयार पौध को क्यारियों में रोपाई करते है तथा दोपहर बाद 20–30 माईक्रोन मोटाई तथा लगभग 2 मीटर चौडाई की, पारदर्शी प्लास्टिक की चादर से ढका जाता है। यदि रात को तापमान लगातार 5 डिग्री सें.ग्रे. से कम है तो 7 से 10 दिन तक प्लास्टिक में छेद करने की आवश्यकता नही है लेकिन उसके बाद प्लास्टिक मे पूर्व दिशा की ओर चोटी से नीचे की ओर छोटे छेद कर देते हैं। जैसे–जैसे तापमान बढता है इन छेदों का आकार भी बढाया जाता है। आवश्यकता अनुसार मौसम ठीक होने पर तापमान को ध्यान में रखते हुऐ, टनल की प्लास्टिक को फरवरी के अंत से मार्च के प्रथम सप्ताह में पूरी तरह से हटा दिया जाता है। इस समय तक फसल काफी बढ चुकी होती है। इस तकनीक से बेल वाली समस्त सब्जियों को मौसम से पहले या पूर्णतः बेमौसम में उगाना संभव है।

- चप्पन कद्दू – 40 से 60 दिन
- लौकी– 30 से 40 दिन
- करेला– 30 से 40 दिन
- खीरा– 30 से 40 दिन
- खरबूजा– 30 से 40 दिन

यह तकनीक उत्तर भारत के समस्त मैदानों तथा खासकर बडे शहरों के आस–पास सब्जी की खेती करने वाले किसानो के लिए बहुत लाभदायक है। यह तकनीक उत्तर भारत के पहाडी क्षेत्रों के लिए भी लाभदायक है।

[17]

जलवायु परिवर्तन का सब्जी उत्पादन पर प्रभाव

कृषि में अधिक उत्पादन लेने के लिए रासायनिक खादों के प्रयोग से मृदा की उर्वरा शक्ति क्षीण होती जा रही है एवं जल स्रोत व नदियाँ प्रदूषित होती जा रही हैं। खेती योग्य भूमि की कमी होने से जंगलों की कटाई करने से जलवायु पर प्रतिकूल प्रभाव पड़ा रहा है। जिससे पर्यावरण प्रदूषण बढ़ता जा रहा है। जलवायु परिवर्तन से सब्जी उत्पादन को प्रभावित होने से बचाने के लिए कर्षण क्रियाओं में परिवर्तन लाने की आवश्यकता है।

सब्जियों का वर्गीकरण तापमान के आधार पर तीन वर्गों में किया जाता है। पुहला समूह की ऐसी सब्जियाँ हैं जो कम तापमान (150–250 सेन्टीगड) पर उगायी जाती है। दूसरे वर्ग में ऐसी सब्जियाँ आती हैं जिनकी खेती के लिए तापमान (300–400 सेन्टीग्रेड) की आवश्यकता होती है। तीसरे इस वर्गीकरण के आधार पर सब्जियों की खेती बरसात, जाड़ा एवं गर्मी में की जाती है। बरसात के मौसम में वर्षा का असमय होना या कम होना, अधिक होना या वर्षा काल में बढ़ जाना आम बात है।

गर्मी के मौसम में तापमान 420 सेन्टीग्रेड से ज्यादा होना एवं जाड़े के मौसम में 50 सेन्टीग्रेड से कम होना सब्जी उत्पादन को प्रभावित करता है। बरसात के मौसम में वर्षा कम होने एवं जल संचय न होने से पृथ्वी के नीचे संचित जल का स्तर घटता जा रहा है जिससे सिंचाई योग्य पानी की कमी से सब्जी उत्पादन प्रभावित हो रहा है।

सब्जियों की प्रकृतिः–

सब्जियों के पौधे रसदार, तेज वृद्धि वाले, जल्दी फल एवं बीज देने वाले होते हैं। समय से पानी न मिलने एवं तापमान अधिक या कम होने से सब्जी के पौधे बहुत अधिक प्रभावित होते हैं। असमय वर्षा होने से बरसात के मौसम की सब्जियों का उत्पादन 30–40 प्रतिशत कम हो जाता है। जाड़े के

मौसम में तापमान बहुत कम 3–40 सेन्टीग्रेड होने से जाड़े की सब्जियों का उत्पादन 20–30 प्रतिशत कम हो जाता है। गर्मी के मोसम में तापमान 420 सेन्टीग्रेड से अधिक होने पर कद्दूवर्गीय सब्जियों में मादा फूलों की संख्या शून्य हो जाती है जिससे उत्पादन 40–50 प्रतिशत कम हो जाता है।

असमय वर्षा का प्रभावः–

सामान्यतः वर्षा के मौसम में सब्जियों की खेती में सिंचाई की आवश्यकता नहीं पड़ती थी लेकिन विगत चार वर्षों से बरसात की फसल में सिंचाई करना पड़ रहा है जो कि जलवायु परिवर्तन का परिचयाक है। सब्जियाँ अधिक पानी के प्रति भी संवेदनशील होती हैं अतः एक समय में अधिक वर्षा होने की दशा में पानी 16 घण्टे से अधिक खेत में लगे रहने से पौधे मुरझाने लगते हैं एवं 24 घण्टे से 48 घण्टे तक पानी लगने की दशा में पौधे गल जाते हैं। जलवायु परिवर्तन होने से बरसात में बुवाई/रोपण की जाने वाली सब्जियों का समय परिवर्तित हो जाता है, जिससे रबी मौसम में उगायी जाने वाली सब्जियों का उत्पादन भी प्रभावित होता है। बरसात में कम वर्षा होने की दशा में रबी के मौसम की सब्जियों का उत्पादन भी घट जाता है। बरसात के मौसममें अच्छी वर्षा होने पर जाड़े में उगायी जाने वाली मटर एक सिंचाई करने से भी अच्छा उत्पादन देती है जबकि कम वर्षा होने पर अच्छे उत्पादन के लिए दो सिंचाई की आवश्यकता पड़ती है।

असमय वर्षा का सब्जी बीज उत्पादन पर प्रभावः–

असमय वर्षा से सब्जी की बीज वाली फसल सबसे अधिक प्रभावित होती है। सब्जियों के बीज वाली फसल की बुवाई के समय इस बात का ध्यान रखा जाता है कि बीज परिपक्वता के समय से वर्षा न हो लेकिन असमय वर्षा से बीज की गुणवत्ता एवं उत्पादन दोनों कम हो जाता है। भिण्डी की फलियों में बीज बनते समय वर्षा न होने की दशा में पूरा बीज अविकसित रह जाता है एवं काला पड़ जाता है। बीज परिपक्वता के समय फलियों का ऊपरी भाग खुल जाता है एवं उस समय वर्षा होने की दशा में बीज की गुणवत्ता खराब हो जाती है।

कम तापमान का सब्जी उत्पादन पर प्रभावः–

जाड़े के मौसम में उगायी जाने वाली सब्जियों के बीज अंकुरण के लिए औसतन 250 सेन्टीग्रेड तापमान की आवश्यकता होती है लेकिन

जलवायु परिवर्तन होने से उस समय भी अधिक तापमान हो जा रहा है जिससे बीज अंकुरण प्रभावित होता है एवं उगे बीजों के मुरझाने की समस्या बढ़ जाती है। ऐसी दशा में बुवाई का समय परिवर्तित करना पड़ता है। मटर की बुवाई का समय 25 अक्टूबर से 15 नवम्बर के मध्य का समय निर्धारित किया गया था लेकिन अब ऐसा नहीं है। कभी–कभी जलवायु परिवर्तन के कारण तापमान अधिक होने से मटर में फूल जल्दी आ जाते हैं एवं उनकी वृद्धि कम हो जाती एवं प्रति पौधा फलियों की संख्या एवं फलियों में दाने की संख्या कम हो जाती है। जनवरी के महिने में तापमान बहुत कम 3–40 सेन्टीग्रेड तक पहुँच जा रहा है जिससे जाड़े में होने वाली सब्जियों का उत्पादन बहुत प्रभावित हुआ है। कम तापमान के प्रभाव को कम करने के लिए सिंचाई करते हैं या खेत के आस–पास धुँआ करते है।

कम तापमान का सब्जी बीज उत्पादन पर प्रभावः–

टमाटर की बीज वाली फसल की बुवाई अक्टूबर के प्रथम सप्ताह में न करने से बीज बनने की क्षमता बहुत कम हो जाती है। मटर में बीज वाली फसल की बुवाई नवम्बर के प्रथम सप्ताह में न करने से उत्पादन कम हो जाता है। मटर की बुवाई पहले करने से उपज एवं बाद में करने से उपज एवं गुणवत्ता दोनों कम हो जाती है।

जलवायु परिवर्तन से कीट एवं बीमारियों का प्रकोप अधिक हो जाता है। बरसात के मौसम में वर्षा कम होने से मृदा में दीमक की संख्या बहुत बढ़ जाती है। अधिक तापमान एवं आर्द्रता की स्थिति में हरा फुदका एवं सफेद मक्खी की संख्या बढ़ जाती है। जाड़े के मौसम में तापमान जल्दी अधिक होने पर सफेद चूर्णिल आसिता रोग आने से सब्जी मटर का उत्पादन बहुत कम हो जाता है। बरसात के मौसम में वर्षा जल्दी समाप्त होने की दशा में मृदु रोमिल आसिता बीमारी कद्दूवर्गीय सब्जियों में जल्दी आ जाती हैं जिससे कद्दूवर्गीय सब्जियों का उत्पादन घट जाता है।

अधिक तापमान का सब्जी उत्पादन पर प्रभावः–

गर्मी के मौसम में उगायी जाने वाली सब्जियों में सबसे बड़ा समूह कद्दूवर्गीय सब्जियों का है। इस समूह की सब्जियों में बहुत अधिक तापमान (42 डिग्री सेन्टीग्रेड) होने पर केवल नर फूल खिलते हैं जिससे फल उत्पादन कम प्राप्त होता है। खीरा में अधिक तापमान पर बीज का विकास कम हो जाता है। गर्मी के मौसम में अधिक आर्द्रता एवं तापमान होने पर सफेद

मक्खी की संख्या बहुत बढ़ जाती है जिससे कद्दूवर्गीय सब्जियों में मुख्य रूप से खीरा एवं तोरी का उत्पादन बहुत कम हो जाता है।

अधिक तापमान का सब्जी बीज उत्पादन पर प्रभावः–

बदलते जलवायु में गर्मी के मौसम में भिण्डी की बुवाई मार्च के प्रथम सप्ताह में खीरा, करेला, चिकनी तोरई, लौकी, खरबूजा, तरबूज एवं लोबिया 20–25 फरवरी के मध्य करने से अधिक फल एवं बीज उत्पादन प्राप्त होता है। तापमान 400 सेन्टीग्रेड से अधिक होने पर बीज का विकास रूक जाता है जिससे बीज का परीक्षण भार एवं अंकुरण कम हो जाता है। इसलिए बीज वाली फसल की बुवाई ऐसे समय करें जिससे बीज विकास के समय तापमान 400 सेन्टीग्रेड से अधिक न हो।

सब्जियों की संरक्षित खेतीः–

बदलते जलवायु में (प्राटेक्टेड कल्टीवेशन) का प्रचलन बढ़ रहा हैं। संरक्षित खेती में अधिक तापमान, कम तापमान, असमय वर्षा, कीट एवं बीमारी से होने वाले नुकसान को सीमित किया जा सकता है। संरक्षित खेती के लिए ग्लास हाऊस, पाली हाऊस, नेट हाऊस, ग्रीन हाऊस, पाली टनेल आदि का प्रयोग किया जाता है। ग्लास हाऊस एवं पाली हाऊस में तापमान को नियंत्रित करने के लिए पैड फैन एवं स्प्रिंकलर लगे रहते हैं, जिसमें गर्मी में अधिक तापमान 420 सेन्टीग्रेड से भी अधिक होने पर भी सब्जियों का उत्पादन प्रभावित नहीं होता है। जाड़े के मौसम में इसके अन्तर्गत तापमान बिना किसी ऊर्जा के उपयोग के 20–250 सेन्टीग्रेड बना रहता है, जिससे जाड़े में तापमान बहुत कम 2–40 सेन्टीग्रेड होने पर भी सब्जियों का उत्पादन प्रभावित नहीं होता है। नेट हाऊस का प्रयोग करने से कीट एवं बीमारियां कम लगती हैं एवं तेज धूप से भी बचाव होता है। नेट का प्रयोग टनेल के रूप में भी किया जा सकता है। ग्रीन हाऊस में लता को चढ़ाकर ऊपर से छाया की जाती है जिससे अधिक धूप एवं तापमान पर सब्जियों का उत्पादन प्रभावित नहीं होता है। एग्रोनेट का प्रयोग धूप की सघनता को कम करने के लिए किया जाता है। एग्रोनेट लगाने से 25–40 प्रतिशत तक सघनता कम हो जाती है। जिससे अधिक तापमान होने पर भी सब्जी उत्पादन प्रभावित नहीं हो पाता है। बरसात के मौसम में पौधशाला में पौधों को तेज वर्षा से एवं जाड़े में कम तापमान से बचाने के लिए पाली टनेल का प्रयोग किया जाता है।

बदलते जलवायु के लिए संस्थान द्वारा विकसित किस्में:–

सब्जी मटर में काशी नन्दिनी किस्म का उत्पादन तापमान अधिक होने पर भी कम नहीं होता है। इसलिए अगेती खेती के लिए बहुत उपयुक्त किस्म है। सब्जी मटर की काशी समरथ किस्म चूर्णिल आसिता की प्रतिरोधी किस्म है इसलिए फरवरी में तापमान अधिक होने पर भी चूर्णिल आसिता नहीं आता है जिससे इसका उत्पादन प्रभावित नहीं होता है। लोबिया की उन्नतशील किस्में जैसे काशी श्यामल, काशी गौरी, काशी कंचन एवं काशी उन्नति की खेती वर्ष में कभी भी की जा सकती है। ये सभी किस्में मोजैक की प्रतिरोधी है। संस्थान द्वारा विकसित कुम्हड़ा की किस्म काशी हरित, बरसात एवं गर्मी दोनों मौसम अच्छी फलत देती है। अनियमित तापमान से इसके उत्पादन पर बहुत कम प्रभाव पड़ता है। मिर्च की काशी अनमोल किस्म फलने में बहुत कम समय लेती है एवं पत्ती मरोड़ के प्रति सहनशील है। इस किस्म का उत्पादन अनियमित वर्षा एवं तापमान से कम प्रभावित होता है।

उन्नत सस्य तकनीकें:–

अनियमित वर्षा एवं तापमान से फसलों की सुरक्षा के लिए कार्बनिक खेती बहुत उपयोगी है। फसलों में वर्मी कम्पोस्ट 5 टन या सड़ी गोबर की खाद 25 टन प्रति हे. डालने से रासायनिक उर्वरकों का प्रयोग कम करना पड़ता है जिससे पर्यावरण को प्रदूषित होने से बचाया जा सकता है। सब्जियों की खेती में पलवार का प्रयोग करने से पानी की बचत होती है, खरपतवार कम उगते है एवं फसल में तुड़ाई की संख्या एवं उत्पादन बढ़ जाता है। उपयुक्त खरपतवारनाशी जैसे पेन्डिमेथेलीन का प्रयोग बुवाई के 24–72 घण्टे के अन्दर करने से खरपतवार नहीं आते हैं जिससे फसलों को पानी पोषण एवं प्रकाश अधिक प्राप्त होता है, जो उपज बढ़ाने में सहायक होता है। सब्जियों में अर्न्तवर्ती फसलें लगाकर या एग्रोनेट लगाकर अर्ध छाया प्रदान करने से फसलें अधिक एवं कम तापमान के प्रभाव से बच जाती हैं एवं उनका उत्पादन भी अधिक प्राप्त होता है।

पादप संरक्षण:–

अधिक तापमान पर सब्जी मटर, लोबिया एवं फराशबीन में मुरझाने से बचाने के लिए 5 किग्रा. ट्राइकोडर्मा को 10 कुन्तल सड़ी खाद में मिलाकर अन्तिम जुताई के पहले खेत में छिड़क देते है। बीज को 5 ग्राम/किग्रा.

ट्राइकाडर्मा से उपचारित करके लगाने से मुरझाने की समस्या कम हो जाती है। ढ़ैची की फसल का प्रयोग हरी खाद के रूप में करने से पी.एच. मान कम हो जाता है, एवं मुरझाने की समस्या कम पैदा हो जाती है। कीट नियंत्रण के लिए नीम गिरी का सत् 4 मिली./लीटर पानी में मिलाकर छिड़काव करने से कीट का आक्रमण कम हो जाता है। कीट नियंत्रण के लिए अन्र्तवर्ती फसलों का प्रयोग करने से कीट का प्रकोप कम हो जाता है। टमाटर की फसल में फल छेदक को नियंत्रित करने के लिए गेंदा लगाना, सफेद मक्खी को कम करने के लिए ज्वार, बाजरा की फसल लगाना, माहूँ को कम करने के लिए सरसों को अन्र्तवर्ती फसल के रूप में लगाना एवं दवा का छिड़काव अन्र्तवर्ती फसल पर ही करना, दवा के प्रयोग कम कर देता है जिससे पर्यावरण प्रदूषण में कमी आती है। जैविक कीटनाशी जैसे ट्राइकोग्रामा एवं एन.पी.वी. का प्रयोग करके रासायनिक कीटनाशियों के छिड़काव को कम किया जा सकता है। एन.पी.वी. का छिड़काव टमाटर में फल छेदक को नियंत्रित करने के लिए किया जाता है।

ट्राइकोग्रामा का प्रयोग बैंगन में तना एवं फल छेदक को नियंत्रित करने के लिए किया जाता हैं। कीट एवं बीमारी को नियंत्रित करने एवं पर्यावरण प्रदूषण को कम करने के लिए बीज उपचार एवं जड़ों का उपचार किया जाता है। बीज उपचार के लिए कवकनाशी कार्बेन्डाजिम, कैप्टान, ट्राइकोडर्मा एवं कीटनाशी इमिडाक्लोप्रिड का प्रयोग करते हैं। गर्मी के दिनों में गहरी जुताई करके खेत खुला छोड़ देने से मृदा में पाये जाने हानिकारक कीट के अण्डे, प्यूपा, लार्वा एवं बीमारी के बीजाणु तेज धूप से नष्ट हो जाते हैं। पौधशाला को सफेद पालीथीन से ढककर सिंचाई करके सौर्यीकरण करने से कीट एवं बीमारी के रोगजनक समाप्त हो जाते हैं।

*****

[18]

मृदा स्वास्थ्य

भारत की लगभग दो तिहाई आबादी का मूल आधार कृषि है। शहरीकरण और औद्योगीकरण के कारण कृषि योग्य जमीन दिन प्रतिदिन घटती जा रही है, साथ ही साथ इसकी गुणवत्ता में उल्लेखनीय कमी आती जा रही है। बीसवी शदी के उत्तरार्ध में देश मे हरित क्रांति से कृषि उपज में गुणात्मक बढ़ोत्तरी हुई। जिसके मूल में अधिक उपज देने वाली किस्में, रासायनिक उर्वरक एवं व्यापक पैमाने पर पाक–संरक्षक उपायों का अपनाये जाना था। जिसके दुष्परिणाम कृषि उत्पादन की कमी के रूप में बाद के दशकों में दिखाई देने लगे।

जिसका एक प्रमुख कारण मृदा गुणवत्ता में आई उत्तरोतर कमी को भी माना गया। जिसके अनिगिनत वैज्ञानिक सन्दर्भ उपलब्ध है। अतः मृदा स्वास्थ्य को अक्षुण्ण रखना आधुनिक कृषि की सबसे बड़ी एवं विषम चुनातियों में से एक है ।

मृदा स्वास्थ्य :–

मृदा अथवा जमीन को अभी तक एक निर्जीव संसाधन माना जाता रहा है। परन्तु तथ्य इसके एकदम विपरीत है। मृदा एक जीवंत निकाय है। जिसके परिभाषित जैविक, रासायनिक और भौतिक गुणधर्म होते है। इनमे से किसी भी एक गुणधर्म में परिवर्तन अथवा बदलाब मृदा के मूलभूत स्वरुप में, उसके स्वभाव में उल्लेखनीय परिवर्तन कर देते है। फलतः मृदा की उर्वरता में खासी कमी देखने को मिलती है। उदाहरण के तौर पर, किसानो द्वारा मुख्य पोषक तत्वों से युक्त रासानिक उर्वरको एवं क्षारीय सिंचाई संसाधनो के अंधाधुंध उपयोग ने मृदा स्वास्थ्य सम्बंधित अनेको प्रश्न खड़े कर दिए है। उत्तर भारत के कई क्षेत्र ऐसे हैं जहाँ की भूमि को एक वक्त काफी उपजाऊ माना जाता था वो अब कम उत्पादक हो गई है। इस प्रकार परिस्थितयो की वजह से उत्पन्न मृदा को अस्वस्थ मृदा में रखा जा सकता है। कृषको द्वारा कृत्रिम रूप से संश्लेषित रासायनिक उर्वरकों को जैविक खादों पर प्रधानता

देने से मृदा में उपस्थिति लाभदायक सूक्ष्म जीवानुओ की संख्या भारी कमी भी अस्वस्थ मृदा का प्रमुख कारण है।

मृदा स्वास्थ्य को प्रभावित करने वाले मुख्य कारक

- दिन प्रतिदिन बढता औद्योगिकीकरण एवं शहरीकरण
- कृषि रासायनों का अनियंत्रित उपयोग
- सिंचाई के संसाधनों का अवैज्ञानिक प्रयोग
- सघन खेती
- कृषि उर्वरको का असंतुलित प्रमाण में प्रयोग
- नैसर्गिक कार्बनिक खाद का न्यूनतम अथवा न उपयोग करना मृदा स्वास्थ्य में क्षरण से होने वाले दुष्प्रभाव
- मनुष्यों, जानवरों में कुपोषण की समस्या
- पेयजल की गुणवत्ता में नुकसान कारक बदलाव
- खाद्य श्रंखला में विषाक्त तत्वों का प्रवेश
- फसल उत्पादन और उत्पादकता में गिरावट
- मृदा–जैवविविधता में कमी विलुप्त होने के आसार भारी औद्योगीकरण एवं शहरीकरण के फलस्वरूप उत्सर्जित होने वाले प्रदूषित जल एवं अपशिष्ट पदार्थो में कैडमियम (ब्क), लैड (च्इ), निकिल (छप), क्रोमियम (ब्त) इत्यादि विषाक्त तत्वों की मात्रा ज्यादा होती है। किसानभाई जब इन पदार्थो को पोषक तत्वों की तरह कृषि प्रयोग करने लगते है तब स्नै–स्नै इन विषाक्त तत्वों की मात्रा बदने लगती है। जिसके फलस्वरूप मृदा की पौधों को पोषण प्रदान करने की व्यस्था अस्त–व्यस्त हो जाती है। अंततः ये विषाक्त तत्वों पौधों से होते हुए मानव शरीर को भी क्षति पहुंचाते है।

रासायनिक खादों एवं फसलों को रोगों, हानिकारक कीटों और खर–पतवार के नियंत्रण के लिए उपयोग में आने वाले अनेको अन्य रासायनों में जमीन में रहने वाले असंख्य सूक्ष्म जीवों के अस्तित्त्व पर प्रश्न चिह्न लगा दिया है। इसके अलावा पारंपरिक अवैज्ञानिक रीत से अत्यधिक सिंचाई करने

से आसानी से प्राप्य पोषक तत्वों के जमीन में नींचे उतर जाते है। जिसके कारण जमीन की नैसर्गिक अम्लता में बदलाव दर्ज किये गए है। बारम्बार एक ही रासायनिक खाद का किसी फसल विशेष में बहुत बरसों तक सतत उपयोग से भी जमीन की उर्वरता पर नकारात्मक प्रभाव पड़ता है।

सामान्यतः मृदा में उपस्थित कार्बनिक पदार्थ, मृदा की अवस्था के अच्छे सूचक होते है। परन्तु रासायनिक खादों पर अत्यदिक निर्भरता एवं नैसर्गिक खाद के कम प्रयोग से भी जमीन के स्वस्थ्य पर बुरा असर पड़ा है। जिस से एक समय की उर्वर जमीन भी अनुपजाऊ की श्रेणी में आ गयी है।

मृदा को स्वस्थ रखने के विकल्प एवं प्रबंधन कार्यनीतिः–

1. समन्वित पोषण प्रबंधन

समन्वित पोषण प्रबंधन एक ऐसी पादप पोषण वयवस्था है जिसमे पोषक तत्वों के प्राकृतिक रूप से उपलब्ध कार्बनिक, जैविक एवं कृत्रिम रूप से संश्लेषित रासायनिक स्रोतों का समुचित और संतुलित समन्वय किया जाता है। ये तीनो पोषक तत्वों के स्रोतों फसलों की आवश्यकता के अधर पर एक विशेष अनुपात (१:२:२:जैविक:कार्बनिक:रासायनिक खाद) प्रदान करने की सलाह दी जाती है । प्राकृतिक कार्बनिक खाद में से पौधों को पोषक तत्व के साथ साथ मृदा में कार्बन भी उपलब्ध होता है जो की सूक्ष्म जीवों के लिए ऊर्जा का एक महत्वपूर्ण स्रोत है । जिसके कारण मृदा जीवंत रहती है और सूक्ष्म जीवों के लिए एक अनुकूल आवास सिद्ध होती है। प्रकृति प्रदत्त जीवाणुओं को पहचानकर उनसे बिभिन्न प्रकार के पर्यावरण हितैषी उर्वरक तैयार किये गए हैं जिन्हे जैव उर्वरक (बायोफर्टिलाइजर) या 'जीवाणु खाद' कहते है। दूसरे शब्दों में हम कह सकते है की जैव उर्वरक जीवित उर्वरक है जिनमे सूक्ष्मजीव विद्यमान होते है। यह प्राकृतिक तरीके से पौधों का पोषण करता है। ये रासायनिक खाद से बेहतर व सस्ता सस्ता होता है। साथ ही यह मिट्टी की प्राकृतिक गुणवत्ता को बनाए रखता है।

जीवाणु खाद के प्रकारः–

(क) नाइट्रोजन यौगिकीकरण करने वाले : दलहनी फसलें–– राईजोबियम, अन्न फसलें–– एजोटोबैक्टर, एजोस्पाइरिलम, एसीटोबैक्टर आदि, चावल/धान –– नीली हरी शैवाल

(ख) फॉस्फोरस घुलनशीलता के लिएः एसपर्जिलस, पैनिसिलियम, सयूडोमोनॉस, बैसिलस आदि

(ग) पोटाश व लोहा घुलनशीलता के लिएः बैस्लिस, फ्रैच्युरिया, एसीटोबैक्टर आदि

(घ) प्लांट ग्रोथ प्रमोटिंग राईजोबैक्टिरियाः बैस्लिस, फ्रलोरिसैंट, आदि

(ड) माइकोराईजल कवकः एक्टोमाईकोराईजा तथा अरवस्कूलर माईकोराईजा

रासायनिक उर्वरक आज भी पोधों के लिए पोषण के प्रमुख स्रोत हैं। बदती आवादी को ध्यान में रहते हुए, पोधों के पोषण के लिए इनका कोई दूसरा संभावित विकल्प भी निकट भविष्य में नहीं दीखता है. इसलिए अधिक फसलोत्पादन के लिए पोषक तत्वों की जरुरत पूरा करने के लिया रासायनिक खादों का प्रयोग करने अनिवार्य हो गया है.

पौधों के लिए समन्वित पोषक तत्व प्रबंधन के पीछे की मूल विचारधारा ये है कि–

१) खेत और बाहरी स्रोतों से उपलब्ध कार्बनिक पदार्थों का यथा संभव उपयोग।

२) मृदा में पोषक तवो की उपलब्धता बढाने के लिए जविक उर्वरको का महतम्म उपयोग।

३) जैव उर्वरक का उपयोग करने के लिए कृषक समुदाय को प्रोत्साहित करना जिससे रासायनिक खादों पर निर्भरता कम की जा सके. जिसके फलस्वरूप मृदा की भौतिक, रासायनिक और जैविक गुणधर्मों को लम्बे समय तक बनाये रखा जा सके. इसके अलावा, समन्वित पोषक तत्व प्रबंधन के अन्य मुख्य उद्देश्य सही समय पर पोषक तत्वों सही मात्रा प्रदान करना है। साथ ही साथ कृषि लागत में उल्लेखनीय कमी लाना जिस से फसल उत्पादन ज्यादा लाभकारी और टिकाऊ बन सके.

2) समन्वित कीट नियंत्रण

समन्वित कीट नियंत्रण एक ऐसी व्यवस्था है जिसमें कृषि से संबंधित विभिन्न परिस्थितियों एवं पर्यावरण के साथ सामंजस्य बनाते हुए नासी कीट, रोगों और खरपतवार के नियंत्रण की तकनीकों का प्रयोग किया जाता है। इससे नासी जीवों की संख्या, सघनता इत्यादि नियंत्रित होते हैं। इसके

अलावा विषाक्त किट रासायनों का उपयोग भी कम किया जा सकता है. जिसका कारण मृदा में रहने वाले सूक्ष्म जीवो अपना अस्तित्व कायम रख सकते है.

3) सिंचाई व्यवस्था एवं पानी की गुणवत्ता :

भारत में प्रचलित परंपरागत सतह आधारित सिचाई पद्धतियां अमूमन कम प्रभावशाली, श्रम साध्य एवं मृदा की उर्वरता को नुकसान कारक होती है. इन विधियों में जल की क्षति तो होती ही साथ ही साथ मृदा की गुणवत्ता पर भी असर पड़ता है. अतः यदि ड्रिप और स्प्रिंकलर सिंचाई की विधियों को अपनाया जाए तो इन हानियों को काफी हद तक कम किया जा सकता है। मृदा–स्वास्थय को सिंचाई के पानी की गुणवत्ता का भी खास असर पड़ता है. अतः जहाँ तक हो सके पानी की गुणवत्ता की जाँच करा कर ही सिंचाई में उपयोग करना लाभकारी होगा।

किसान मित्रों से ये अनुरोध है की जहाँ तक हो सके मृदा के स्वास्थ्य को कायम रखें ताकी फसलोत्पादन में निरंतर वृद्धि के लक्ष्य को प्राप्त किया जा सके।

*****

[19]

सब्जी उत्पादन के महत्वपूर्ण बिन्दु

वर्तमान में भारत चीन के बाद विश्व का सर्वाधिक सब्जी उत्पादक देश हैं। सब्जी उत्पादन से अधिकाधिक लाभ प्राप्त करने हेतु कुछ महत्वपूर्ण बिन्दुओं का ध्यान रखना अति आवश्यक है। जैसे कि–

- सब्जियों को उनके उपयोग तथा बाजार से दुरी के अनुसार कम पकी अवस्था या पूर्ण पकने पर तोडना चाहिए। सब्जी यदि जल्दी खराब होने वाली है तो उसको कुछ कम पकी अवस्था में ही तोडना चाहिए। नजदीक के बाजार में सब्जियों को बेचना हो तो उन्हें शाम के समय ही तोड़े।

- कददू जाति की सब्जियों को खेत के अन्दर नालियां बनाकर लगाना चाहियें। एसा करने से सिंचाई, निराई–गुड़ाई में आसानी होती है, खाद तथा पानी कम देना पड़ता है और फल सुखी भूमि पर रहने से कम सड़ता है।

- टमाटर की पौध को मेढ़ो पर लगाने से फल सड़ते है। फलों को फटने से रोकने के लिए जल्दी–जल्दी सिंचाई करनी चाहिए। फसल में नाइट्रोजन अधिक नही देना चाहिए।

- गाजर, मुली, शलजम व चुकंदर को चिकनी मिटटी में लगाने से जड़ें फटने लगती है। इन फसलों में दो–तीन बार मिट्टी चढ़ाना आवश्यक है।

- फूलगोभी और बंदगोभी की फसल में मिट्टी चढ़ाना आवश्यक होता है जिससे पौधे अपने भार के कारण गिरने न पायें और इससे पैदावार भी अच्छी होती है।

- आलू तथा शकरकंद पर मिट्टी अवश्य चढ़ाना चाहिए। इससे कंद बड़े और सुविकसित आकार वाले होते है तथा उनमे हरा रंग भी नही आता है।

- दाल वाली सब्जियों में पहली सिंचाई बीज जमने के करीब 15–20 दिन बाद करना ही लाभदायक रहता है।

- भिन्डी के बीज को 12–24 घंटे तक पानी में भिगोकर लगाने से जमाव अच्छा होता है। इस फसल में पहली सिंचाई उस समय करनी चाहिये जब पौधे पानी की कमी से मुरझाने लगे। ऐसा करने से फसल की बढ़वार अच्छी होती है।

- पत्ती वाली सब्जियों में नाइट्रोजन वाली खाद ही देनी चाहिये। अमोनियम नाइट्रोजन मिलाकर देना अति लाभदायक होता है।

- गर्मी के मौसम में पौधरोपण शाम के समय ही करना चाहिए। पौधरोपण के तुरंत बाद पानी अवश्य देना चाहिए।

- टमाटर तथा बैंगन में कीटनाशक दवा का छिडकाव कीड़े लगे फल तोड़ने के बाद ही करना चाहिए तथा कीड़े लगे फलों को गड्डे में दबा देना चाहिए।

- दवा छिडकाव के 8–10 दिन बाद ही सब्जियों को उपयोग हेतु तोडना उपयुक्त होता है।

- सब्जियों में कीड़े एवं बिमारियों की रोकथाम हेतु विशेषज्ञों से सलाह लेकर ही कार्य करना चाहिए।

सब्जियों के कीट–व्याधियों से बचावः–

विश्व सब्जी उत्पादन में भारत का चीन के बाद दूसरा स्थान है। भारत में लगभग 92 लाख हेक्टेयर क्षेत्रफल में सब्जियां उगाई जाती है जिनसे लगभग 16.2 करोड़ टन उत्पादन होता है। सब्जियों में विभिन्न प्रकार के कीट एवं व्याधियां समय–समय पर लगती है जिनसे इनके उत्पादन पर विपरीत प्रभाव पड़ता है। अतः अधिक पैदावार एवं आय प्राप्त करने हेतु इनका नियंत्रण करना बहुत ही आवश्यक होता है। सब्जियों में लगने वाले रोगों को तीन श्रेणियों में बांटा जा सकता है–

जीवाणु रोगः–

ये रोग जीवाणुओं के कारण लगते है तथा पौधों को तरह–तरह से हानि पहुंचाते है। इनके कुछ प्रमुख रोग है–

1. बैंगन, टमाटर, आलू, गोभी, गाजर तथा प्याज आदि की फसल का जीवाणु गलन रोग।

2. आलू, टमाटर, बैंगन आदि में लगने वाला जीवाणु उकठा रोग।

3. मटर, सेम, लोबिया आदि में लगने वाला जीवाणु झुलसा रोग।

4. गोभी की फसल में लगने वाला ब्लैक रोट रोग।

फफूंद रोग :–

ये रोग फफूंदियों के आक्रमण द्वारा उत्पन्न होते है जिनमे प्रमुख हैं:

आलू की पछेती अंगमारी, मटर का चुर्णकी रोग, पत्तागोभी एवं फूलगोभी का मृदु रोमिल आसिता रोग, बैंगन की फोमोप्सिस अंगमारी, मिर्च का फल गलन, प्याज का अंकुरण गलन, टमाटर, खरबूजा, भिन्डी, मटर आदि का उकठा रोग।

विषाणु रोग:–

ये रोग विषाणुओं द्वारा सब्जियों में लगते है। इन विषाणुओं के वाहक कीट होते है। अतः विषाणु रोगों के नियंत्रण हेतु कीट नियंत्रण करना अति आवश्यक होता है। सब्जियों के कुछ प्रमुख विषाणु रोग हैः

मिर्च एवं टमाटर का पात मरोड़, आलू, मिर्च तथा टमाटर का मोजेक, भिन्डी का पीतशिरा रोग, बैंगन का लघुपात रोग, आलू का पात लपेट रोग।

सब्जियों को कीट–व्याधियों से बचाने के लिए कुछ महत्वपूर्ण बिंदु इस प्रकार से है–

- जिस खेत में रोग लगा हो उसको बीज बोने के लिए प्रयोग नहीं करें।
- सदैव स्वस्थ, निरोगी एवं प्रमाणित बीज की ही बुवाई करें।
- बोने से पूर्व बीज को कैप्टान, थाइरम या बाविस्टिन के साथ (2.5 ग्राम प्रति किलोग्राम की दर से) उपचारित करना चाहिए।
- पौधशाला की मिट्टी रेतीली दोमट हो। पौधशाला में सघन बुआई न करें। पौधशाला में डेम्पिंग ऑफ रोग लगने पर केप्टान रसायन का घोल डालें।

- पौधशाला में विभिन्न प्रकार के कीट जैसे– मोयला, हरा तेला, मकड़ी इत्यादि हानि पहुँचाते है। इनसे बचाव हेतु सिफारिश के अनुसार उचित कीटनाशको का प्रयोग करें।

- फसल में खरपतवार नही पनपनें देंवे। खरपतवारों को नष्ट करने हेतु खरपतवारनाशी रसायन का प्रयोग किया जा सकता है।

- यदि किसी खेत में उकठा, जड़गलन आदि रोग बार–बार लगते है तो एक ही फसल को बार–बार खेत में नही बोना चाहिए।

- खेत में संतुलित मात्रा में ही खाद एवं उर्वरको का प्रयोग करें। नाइट्रोजन की अधिकता से कीट रोगों का प्रकोप ज्यादा होता है।

- जहाँ तक संभव हो उन्नतशील एवं रोग प्रतिरोधी किस्मो को ही लगाना चाहिये तथा समय पर बुवाई करनी चाहियें। देर से बुवाई करने पर कीट–बीमारियों का प्रकोप बढ़ जाता है।

- फसल पर दवा का छिड़काव अच्छी तरह से करें तथा दवा की उचित मात्रा का प्रयोग करते हुए सही समय पर छिड़काव करें।

- मोयला, तना तथा फल भेदक कीड़ो से रक्षा के लिए एन्डोसल्फान 35 ई.सी. या मेलाथियोन 50 ई.सी. दवा का 1 मिलीलीटर प्रति लीटर पानी की दर से घोल बनाकर छिडकाव करें। पानी की कमी वाले स्थानों पर इन दवाओं के पाउडर का भुरकाव भी किया जा सकता है। पाउडर का प्रयोग 20–25 किलोग्राम प्रति हेक्टेयर की दर से करें।

*****